装载机结构与使用技术

Zhuangzaiji Jiegou yu Shiyong Jishu

王秀林 主编

人民交通出版社股份有限公司
China Communications Press Co.,Ltd.

内 容 提 要

本书由装载机基础知识、装载机基本结构、装载机操作、装载机维护四章内容组成。根据当前工程机械施工企业的需要，本书主要由实践经验丰富的一线工程机械技术人员编写，打破了原有相关书籍理论性较强的模式，根据需要和在一线实践中得到的经验，整合、精炼为柴油机基础知识、液压传动基础知识、电气基础知识、装载机工作装置、装载机传动系统、装载机转向系统、装载机制动系统、装载机电气系统、操作元件、安全操作规程、装载机磨合及行走、装载机作业、维护通则、专项维护、定期维护、存放维护等若干章节。

本书为工程机械施工企业中装载机使用的技术资料，也可作为高等职业技术院校中相关专业的教学参考书。

图书在版编目(CIP)数据

装载机结构与使用技术 / 王秀林主编. —北京：
人民交通出版社股份有限公司，2014.7
ISBN 978-7-114-11406-9

Ⅰ.①装… Ⅱ.①王… Ⅲ.①装载机—结构②装载机—操作 Ⅳ.①TH243

中国版本图书馆 CIP 数据核字(2014)第 088884 号

书　名：	装载机结构与使用技术
著 作 者：	王秀林
责任编辑：	丁润铎　周　凯
出版发行：	人民交通出版社股份有限公司
地　　址：	(100011)北京市朝阳区安定门外外馆斜街 3 号
网　　址：	http://www.ccpress.com.cn
销售电话：	(010)59757973
总 经 销：	人民交通出版社股份有限公司发行部
经　　销：	各地新华书店
印　　刷：	大厂回族自治县正兴印务(有限)公司
开　　本：	787×1092　1/16
印　　张：	11.25
字　　数：	258 千
版　　次：	2014 年 7 月　第 1 版
印　　次：	2018 年 12 月　第 2 次印刷
书　　号：	ISBN 978-7-114-11406-9
定　　价：	35.00 元

(有印刷、装订质量问题的图书由本公司负责调换)

《装载机结构与使用技术》编委会

主　编：王秀林

副主编：韩庆波　孙继伟　张　峰

编　委：王秀林　韩庆波　孙继伟

　　　　张　峰　张文海　刘　飞

　　　　闫成春　王志强

学习、实践、总结

（代前言）

如果说学习和实践是技术进步的两个驱动轮子，那么，总结就是发动机。

《装载机结构与使用技术》一书，是王秀林同志及其团队在广泛、深入地学习、实践、总结的基础上，专为装载机操作手撰写的一部培训教材！全书从发动机、液压、电气基础知识入手，详细阐述了代表目前技术潮流的装载机结构、原理。最后，落脚点在装载机的安全、正确操作、作业、保养等。

在人—机系统中，随着技术的进步和成熟，由于机械自身设计、材料、结构、装配等原因引起的故障越来越少。据不完全统计，此类故障占全部故障的30%左右，其余故障的原因则来源于操作手的误操作、不正确操作、欠维护、随意改装等。因此，加强操作手培训与管理是减少机械故障、提高机械作业效率、降低机械消耗与排放、获得机械最大效益的最有效途径。通过培训，使操作手做到：第一，安全操作；第二，正确操作；第三，严格维护；第四，购买指定易耗品；第五，不擅自改装。

王秀林现任山东省济南市章丘公路管理局总工程师，2000年大学毕业后，从基层操作手干起，先后操作过十余种筑养路机械，在干的过程中，不断学习、实践、总结，很快掌握了本局筑养路机械的结构、使用、维修技术，同时大胆创新，成功改造了本局搅拌站燃烧系统。仅此一项，累计节省资金60余万元。2012年、2013年又研制了移动式乳化沥青设备、旧沥青路面整缝机，分别获得国家专利。

功夫不负有心人，王秀林同志在不断地学习、实践、总结循环中，取得了丰硕的成果：公开发表论文《沥青搅拌设备采用双重燃油系统》；出版专著《现代工程机械液压传动系统构造、原理与故障排除》；连续6年荣获本局"先进工作者"；荣获章丘市"十大杰出青年技术创新能手"、"十佳文明市民"、"市直机关优秀党员"等称号；他率领的QC小组荣获"山东省优秀质量管理小组"称号。

《装载机结构与使用技术》一书，除作为装载机操作手培训教材以外，也是高职院校、技工院校等工程机械专业师生不可多得的参考书,也可以作为装载机生产企业为用户培训的教材,也是大学生毕业分配后,在工程机械后市场工作不可多得的入门专业读物。

我相信,王秀林同志及其团队在学习、实践、总结的过程中提炼出的这部书,一定会成为读者的良师益友。同时,我也期待着其他机型的工程机械专业书籍会在日后陆续出版。

山东交通学院工程机械研究所所长　张　铁
2014 年 2 月 21 日于水石斋

目录

CONTENTS

第一章 装载机基础知识 ……………………………………………………… 1
  第一节 柴油机基础知识 ……………………………………………………… 1
  第二节 液压传动基础知识 …………………………………………………… 33
  第三节 电气基础知识 ………………………………………………………… 73

第二章 装载机基本结构 ……………………………………………………… 105
  第一节 概述 …………………………………………………………………… 105
  第二节 装载机工作装置 ……………………………………………………… 108
  第三节 装载机传动系统 ……………………………………………………… 112
  第四节 装载机转向系统 ……………………………………………………… 118
  第五节 装载机制动系统 ……………………………………………………… 121
  第六节 装载机电气系统 ……………………………………………………… 125

第三章 装载机操作 …………………………………………………………… 129
  第一节 操作元件 ……………………………………………………………… 129
  第二节 安全操作规程 ………………………………………………………… 132
  第三节 装载机磨合及行走 …………………………………………………… 146
  第四节 装载机作业 …………………………………………………………… 149

第四章 装载机维护 …………………………………………………………… 154
  第一节 维护通则 ……………………………………………………………… 154
  第二节 专项维护 ……………………………………………………………… 157
  第三节 定期维护 ……………………………………………………………… 162
  第四节 存放维护 ……………………………………………………………… 165

附录 柴油机操作规程 ………………………………………………………… 167
参考文献 ……………………………………………………………………… 169

第一章 装载机基础知识

第一节 柴油机基础知识

一、柴油机总体结构

1. 内燃机的定义

内燃机是一种把自然界蕴藏的能量资源(如燃料等)转换为机械能的机器。根据热能转换为机械能所处的位置不同,热机又分为外燃机与内燃机两大类。当燃料在锅炉中燃烧,将锅炉中的水烧成蒸汽,再将蒸汽送到汽缸中驱动机械运转(如发电机组用的蒸汽轮机),这种热机称为外燃机。将燃料送入汽缸内燃烧,通过燃气膨胀驱动机械运转(如柴油机、汽油机等),这种热机称为内燃机。

2. 内燃机的分类

内燃机有很多结构形式,其分类如下:

(1)按内燃机使用的燃料可分为柴油机、汽油机和天然气机等。

(2)按内燃机完成一个工作循环的行程数可分为四冲程内燃机和二冲程内燃机。四冲程内燃机在完成一个工作循环时,活塞往复四个行程,曲轴旋转720°。二冲程内燃机在完成一个工作循环时,活塞往复两个行程,曲轴旋转360°。

(3)按燃料在汽缸内的着火方式可分为压燃式内燃机和点燃式内燃机。

压燃式内燃机利用汽缸内被压缩的空气所产生的高温使燃料自行着火燃烧,柴油机就是属于这种着火方式;点燃式内燃机利用外界热源(如电火花)点燃燃料使其着火燃烧,汽油机和天然气机等则属于这种着火方式。

(4)按进气方式可分为增压式内燃机和非增压式内燃机。

非增压式内燃机利用活塞的抽吸作用将空气吸入汽缸;增压式内燃机安装增压器,空气经过增压器提高密度后进入汽缸。

(5)按汽缸冷却方式可分为风冷式内燃机和水冷式内燃机。

风冷式内燃机利用空气作为冷却介质;水冷式内燃机利用水作为冷却介质。

(6)按汽缸排列方式可分为直列式内燃机、卧式内燃机和V形内燃机等。

直列式内燃机所有汽缸中心线在同一垂直平面内;卧式内燃机所有汽缸中心线在同一

水平平面内;V 形内燃机汽缸中心线分别在两个平面内(呈 V 形)。

(7)按转速内燃机可分为高速(1000r/min 以上)、中速(600~1000r/min)、低速(600r/min 以下)。

(8)按汽缸数目内燃机可分为单缸式、双缸式和多缸式。

3. 四冲程柴油机工作原理

(1)内燃机基本名词和术语。图 1-1 为单缸往复活塞式内燃机结构,主要由排气门、进气门、汽缸、活塞、连杆、曲轴和汽缸盖等组成。

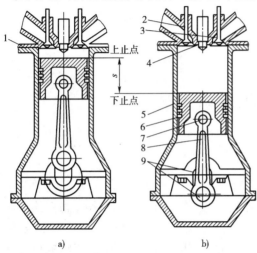

图 1-1 单缸往活塞式内燃机结构
a)活塞处于上止点;b)活塞处于下止点
1-汽缸盖;2-排气门;3-进气门;4-喷油器;5-汽缸;
6-活塞;7-活塞销;8-连杆;9-曲轴

① 上止点。活塞在汽缸中运动到离曲轴中心最远时,活塞顶平面所处的位置。

② 下止点。活塞在汽缸中运动到离曲轴中心最近时,活塞顶平面所处的位置。

③ 活塞行程。活塞在上下止点间活动一次的距离,单位为 mm。

④ 活塞冲程。活塞从一个止点运动到另一个止点的动作或过程。

⑤ 曲柄半径(R),指连杆轴颈(曲柄销)的中心线到曲轴回转中心线的距离(mm)。对于汽缸中心线通过曲轴中心的内燃机,活塞行程与曲柄半径的关系为 $S=2R$。

⑥ 汽缸工作容积(V_h),指活塞从一个止点运动到另一个止点所扫过的空间容积。

⑦ 内燃机工作容积(V_L),指内燃机所有汽缸工作容积的总和,俗称内燃机排量。若内燃机的汽缸数为 i,则 $V_L = i \cdot V_h$。

⑧ 燃烧室容积(V_c),指活塞在上止点时,活塞上方的空间容积,单位为 L。

⑨ 汽缸总容积(V_a),指活塞在下止点时,活塞上方的空间容积(L),它等于汽缸工作容积与燃烧室容积之和,即 $V_a = V_h + V_c$。

⑩ 压缩比(ε),指汽缸总容积与燃烧室容积的比值,即

$$\varepsilon = \frac{V_a}{V_c} = \frac{V_h + V_c}{V_c} = 1 + \frac{V_h}{V_c}$$

压缩比表示活塞从下止点运动到上止点时,汽缸内的气体被压缩的程度。压缩比是一个很重要的技术参数,它的大小对内燃机的技术性能有很大的影响。不同类型的内燃机有不同的压缩比要求,如柴油机压缩比一般为 $\varepsilon = 14 \sim 23$,汽油机压缩比 $\varepsilon = 6 \sim 11$。

(2)四冲程柴油机的工作原理。非增压四冲程柴油机的工作循环如图 1-2 所示,由进气行程、压缩行程、做功行程和排气行程组成。

① 进气行程。在曲轴旋转运动的带动下,活塞由上止点向下止点移动,这时排气门关闭,进气门打开。进气行程开始时活塞位于上止点(图 1-3,r 点),汽缸残留有上一循环未排

净的废气,因此汽缸内的压力稍高于大气压力。随着活塞下移,汽缸容积增大,压力减小。当压力低于大气压力时,新鲜空气被吸入汽缸,直至活塞移至下止点。

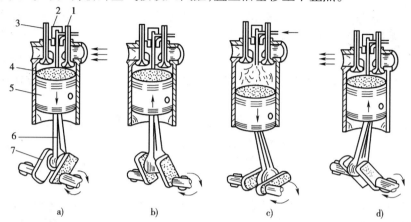

图1-2 单缸非增压四冲程柴油机的工作循环
a)进气行程;b)压缩行程;c)做功行程;d)排气行程
1-进气门;2-喷油器;3-排气门;4-汽缸;5-活塞;6-连杆;7-曲轴

在进气行程中,受空气滤清器、进气管道、进气门等阻力的影响,进气行程终了时(图1-3,a点)汽缸内的压力略低于大气压力,为78.5~3.2kPa。示功图上 $r—a$ 线表示进气行程汽缸内压力随容积变化的情况;进入汽缸的新鲜空气,因为与气门、汽缸盖、活塞等高温零件接触,并与上一循环(排气行程)残余的高温废气相混合,所以进气行程终了时其气体温度可升高到320~340K。

②压缩行程。曲轴继续旋转,活塞由下止点向上止点移动,这时进、排气门都关闭。汽缸内的气体受到压缩,压力和温度不断升高。压缩冲程终了时,气体的压力达2900~4900kPa,温度达750~1000K。示功图上 $a—c$ 线表示压缩行程中汽缸内气体压力随容积变化的情况。

为了充分利用燃料燃烧所释放的热能,要求燃烧过程中的活塞到达上止点略后的位置,使气体充分膨胀做功。由于柴油喷入汽缸后要经过着火准备阶段,因此,实际柴油机都在压缩行程结束前(上止点前10°~35°)喷油。示功图上1点表示喷油开始。

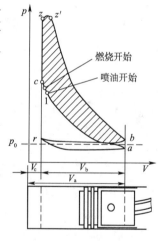

图1-3 非增压四冲程柴油机循环示功

③做功行程。这时进、排气门都关闭。由于燃料燃烧释放出的热能,使汽缸内的气体压力急剧升高,最高压力达5900~8800kPa,气体温度升高到1800~2200K。高温高压的气体迅速膨胀,推动活塞从上止点向下止点移动做功,并通过连杆使曲轴做旋转运动。做功行程终了时,气体压力下降到290~580kPa,温度降至1000~1200K。示功图上 $c—z—z'—b$ 线表示做功行程中汽缸内气体压力与容积的变化关系。

④排气行程。曲轴继续旋转,活塞由下止点向上止点移动,此时进气门关闭,排气门打开。因为废气压力高于大气压力,并在活塞的推动下,使废气经排气门排出。排气行程终了时汽缸内气体压力为103~123kPa、温度为700~500K。示功图上 $b—r$ 线表示排气行程中汽

缸内气体压力随容积变化的关系。

曲轴继续旋转,活塞由上止点向下止点移动,开始下一循环的进气过程。四冲程柴油机每完成一个工作循环,活塞往复4次,曲轴旋转两圈(720°)。4个行程中只有做功行程对外做功,其他3个行程起辅助作用。

由于柴油机的热效率高,其动力性好(特别是输出转矩大),燃料使用经济性好;故障少,可靠性好;功率范围宽;有害排放物少,对大气污染程度轻。因此,装载机广泛使用柴油机为动力装置。

(3)非增压柴油机总体结构。装载机使用的往复活塞式柴油机的构造及其布置各有差异,但总体结构都由下列两大机构和4大系统组成。

①曲柄连杆机构。曲柄连杆机构是柴油机产生并输出动力的机构,由汽缸盖、汽缸体、曲轴箱、活塞、连杆、曲轴与飞轮等零件组成。

②配气机构。配气机构是按照工作循环的需要定时地向汽缸供应充足的新鲜空气,并将燃烧后的废气排出汽缸。它由进气门、排气门、气门弹簧、凸轮轴等零件组成。

③供给系。供给系是按照柴油机工作循环的要求向汽缸提供适量的燃油与空气,并引导废气排入大气。柴油机供给系一般由供油系和进、排气装置组成。其中,供油系由低压油路和高压油路两部分组成。低压油路的输油泵使柴油从柴油箱流向柴油滤清器、喷油泵。高压油路由喷油泵提供高压油,喷油器再以雾状将油液喷入燃烧室。

④润滑系。润滑系是将洁净的润滑油送到柴油机各摩擦副的摩擦表面,以减少其摩擦阻力和磨损,并带走摩擦产生的热量和金属磨屑,保证运动零件的正常工作。柴油机润滑系由润滑油泵、润滑油滤清器、润滑油道等组成。

⑤冷却系。冷却系是对高温零件进行适当冷却,以保持柴油机正常的工作温度,保证柴油机连续运转,并具有良好的动力性和经济性。

⑥起动系。起动系是使静止的柴油机转入自行转动状态,它包括蓄电池、电动起动机及附属装置。

此外,许多柴油机为了保证低温时顺利起动,采用电预热塞或电加热器等元件;现代柴油机运用电子技术和计算机技术进行自动控制,包括柴油供给和喷射、怠速、进气、增压、排放、起动、巡航故障自诊断和失效保护,柴油机与自动变速器的综合制等。因此,柴油机的总体结构应包括电器元件和自动控制系统。

二、曲柄连杆机构

1. 功用

曲柄连杆机构是柴油机将热能转变为机械能的主要机构,其功用是将燃气作用在活塞顶上的压力转变为曲轴的旋转力矩,对外输出动力。

柴油机产生的动力大部分经由曲轴后端的飞轮传给工程机械的传动系及其他机构,还有一部分通过曲轴前端的齿轮和带轮驱动本机的其他机构和装置。

2. 组成

曲柄连杆机构主要由机体组、活塞连杆组和曲轴飞轮组3部分组成。

(1)机体组。机体组主要由汽缸体、曲轴箱、汽缸盖、汽缸套和汽缸垫等不动件组成。

①汽缸体的作用。汽缸体是柴油机各机构和系统的安装基体,并由它保持机体各运动件相互之间的准确位置关系。

汽缸体一般采用铸铁材料铸造而成,也有采用铝合金材料的。

②汽缸体的基本结构。汽缸体中加工出的圆柱形空腔,称为汽缸。多个汽缸组成一体即为汽缸体。为了便于汽缸散热,在汽缸的外面制有水套(水冷式)或散热片(风冷式)。曲轴箱有前后壁和中间隔板,其上制有主轴座孔,大多数柴油机还制有凸轮轴轴承座孔。为了这些轴承的润滑,在汽缸体侧壁上设有主油道,前后壁和中间隔板上设有分油道。

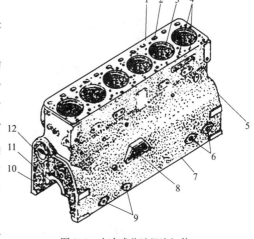

图 1-4　水冷式柴油机汽缸体

1-汽缸体上平面;2-气门推杆孔;3-汽缸套承孔;4-汽缸盖螺栓孔;5-汽缸体后端面;6-呼吸器座孔;7-汽缸体下平面;8-喷油泵支座架;9-润滑油道孔;10-汽缸体前端面;11-主轴承座孔;12-凸轮轴轴承座孔

水冷式柴油机多采用整体式汽缸体,如图 1-4 所示。整体式汽缸体有上下两个平面,用以安装汽缸盖和油底壳。这两个平面也是汽缸体制造修理的加工基准,因此,在拆装时应注意保护。

风冷式柴油机则多采用分体式汽缸体,如图 1-5 所示。分体式汽缸下部有一个凸缘和止口,曲轴箱有支撑汽缸体的平面和止口,用它来保证二者之间的正确定位,在支撑面之间用金属垫片来调整活塞顶和汽缸盖之间的间隙。

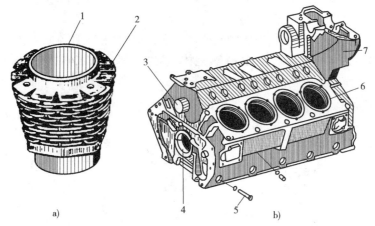

图 1-5　风冷式柴油机汽缸体与曲轴箱
a)汽缸体;b)曲轴箱

1-汽缸;2-散热片;3-凸轮轴孔;4-主轴承孔;5-主轴承盖横向紧固螺栓;6-汽缸体安装孔;7-定时传动室

③汽缸体与曲轴箱的结构形式。水冷式柴油机的上曲轴箱和汽缸体做成一体,一般有3种基本结构形式:一般式、龙门式和隧道式。

④汽缸盖与汽缸垫。汽缸盖的主要作用是封闭汽缸上部并与汽缸和活塞顶部共同构成燃烧室。缸盖内有冷却水套,水套与缸体上的水套相通,以利用循环冷却液来冷却燃烧室等高温零部件。

柴油机缸盖上加工有喷油器安装座孔。

缸径较小、缸数少的柴油机则采用整体式汽缸盖，如图1-6所示。

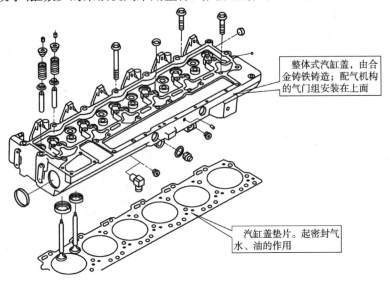

图1-6　柴油机整体式汽缸盖

汽缸盖用螺栓紧固在汽缸体上，为了保证汽缸盖与汽缸体紧密贴合、压紧力均匀，拧紧螺栓时必须由中央对称地向四周扩展，分几次（一般多为3次）进行，最后一次的拧紧力应符合柴油机制造厂规定的要求。

按照"保护尺寸大或材质软或成本高的零件"的原则，要注意汽缸垫的安装方向。例如，金属—石棉垫（金属皮的），由于汽缸口卷边一面高出一层，对与它接触的平面会造成单面压痕变形，因此，卷边应朝向易修整的接触面或硬平面，汽缸盖和汽缸体同为铸铁时，卷边应朝向缸盖（易修整面）；铝合金汽缸盖、铸铁汽缸体，卷边应朝向汽缸体（硬平面）；汽缸体与汽缸盖同为铝合金时，卷边应朝向汽缸体，即朝向湿式汽缸套的凸缘（硬平面）。

（2）活塞连杆组。活塞连杆组由活塞、活塞环、活塞销和连杆等组成，如图1-7所示。

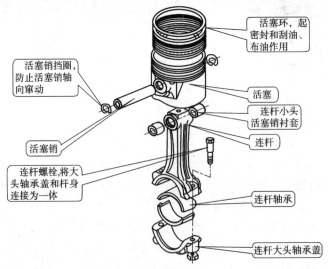

图1-7　活塞连杆组

①活塞。活塞的主要功用是与汽缸盖、汽缸共同构成燃烧室,并将所承受的燃气压力通过活塞销和连杆传给曲轴。

活塞在工作中要承受燃气压力、摩擦力、惯性力以及侧压力等交变载荷的作用,同时活塞在工作中接触高温燃气和润滑油。因此要求活塞要具有足够的强度和刚度、较轻的质量、小的热膨胀量、良好的导热性、耐磨、耐腐蚀等性能,并要求在各种工况下都能与汽缸壁之间有合适的间隙。

②活塞环。活塞环是具有弹性的开口环,可分为气环和油环,其结构如图1-8所示。

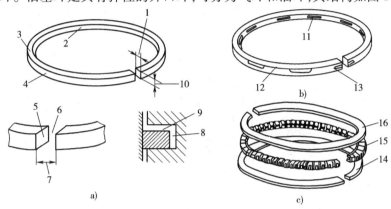

图1-8 活塞环的结构
a)中气环;b)槽孔式油环;c)钢带组合油环

1-径向厚度;2-内圆面;3-侧面;4-外圆面;5-开口端面;6-开口;7-端隙;8-背隙;9-侧隙;10-环高;11-回油孔;12-上刮油唇;13-下刮油唇;14-下刮片;15-衬簧;16-上刮片

活塞环的功用。气环的功用是保证汽缸与活塞间的密封,防止漏气,并且要把活塞顶部吸收的大部分热量传给汽缸壁,由冷却液或空气带走。其中,密封作用是主要的,如果密封性不好,高温燃气将直接从汽缸壁表面流入曲轴箱。这样,不但由于活塞环外圆表面和汽缸壁面贴合不严而不能很好散热,而且会导致活塞和气环烧坏。

油环起刮油和布油的作用,下行时刮除汽缸壁上多余的润滑油,上行时在汽缸壁上布一层均匀的油膜。这样既可以防止润滑油窜入燃烧室燃烧,又可以减少活塞、活塞环与汽缸壁的摩擦阻力。此外,油环还能起到封气的辅助作用。

③活塞销。活塞销的功用是连接活塞和连杆小头,并传递力和运动。

④连杆。连杆的功能是连接活塞和曲轴,并传递力和运动。连杆承受活塞销传来的气体作用力及其本身摆动和活塞组往复运动时的惯性力。这些力的大小和方向都是周期性变化的。因此,连杆受到的是压缩、拉伸和弯曲等交变载荷,要求连杆在质量小的情况下有足够的刚度和强度。

(3)曲轴飞轮组。曲轴飞轮组由曲轴、飞轮和一些相关零件组成,如图1-9所示。

①曲轴。曲轴的功用:与连杆配合,将作用在活塞上的燃气压力转变成力矩,作为动力而输出,并带动柴油机本身的其他机构和系统。

②飞轮。飞轮是转动惯量很大的盘形零件,其作用如同一个能量存储器。在做功行程中,柴油机传给曲轴的能量,除对外输出外,还有部分能量被飞轮吸收,从而使曲轴的转速不会升高很多。在排气、进气和压缩三个行程中,飞轮将其储存的能量释放出来,以补偿这三

个行程所消耗的功,从而使曲轴转速不致降低太多。

此外,飞轮还有下列功用:飞轮是摩擦式主离合器的主动件;飞轮轮缘上紧配合安装起动柴油机用的飞轮齿圈;飞轮上刻有上止点记号,以便喷油正时以及调整气门间隙。

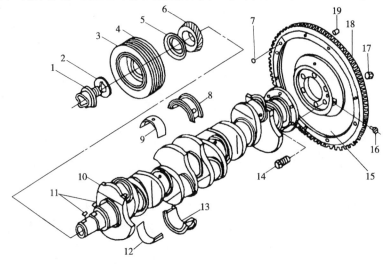

图 1-9　曲轴、飞轮组

1-起动爪;2-锁紧垫圈;3-带轮;4-扭转减振器;5-挡油片;6-正时齿轮;7-一、六缸上止点记号;8-推力片;9-主轴承轴瓦;10-曲轴;11-半圆键;12-主轴承轴瓦;13-中间主轴瓦;14-螺栓;15-飞轮;16-润滑脂嘴;17-螺母;18-齿圈;19-圆柱销

(4)柴油机滑动轴承。柴油机滑动轴承有连杆衬套、连杆轴承、主轴承和曲轴推力轴承等。

①连杆轴承和主轴承。连杆轴承和主轴承均承受交变载荷和高速摩擦,因此,轴承材料必须具有足够的抗疲劳强度,而且摩擦系数小、耐腐蚀。连杆轴承和主轴承均由上、下两片轴瓦对合而成。轴瓦一般由钢背和减磨合金层构成,称为两层结构。现在采用的轴瓦则多由钢背、减磨合金层和软镀层构成,称三层结构轴瓦,如图 1-10 所示。

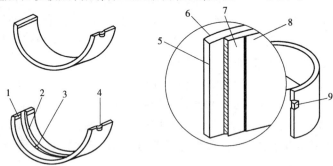

图 1-10　轴瓦结构

1-吊油槽;2-环形油槽;3-油孔;4-定位唇;5-轴瓦结合面;6-锅背;7-减磨合金层;8-软镀层;9-定位唇

②曲轴推力轴承。曲轴推力轴承有翻边轴瓦、半圆环止推片和推力轴承环 3 种形式。

翻边轴瓦(图 1-11)是将轴瓦两侧翻边作为推力面,在推力面上浇铸减磨合金。轴瓦的推力面与曲轴推力面之间留有 0.06~0.25mm 的间隙,从而限制了曲轴的轴向窜动量。

半圆环推力片(图 1-12)一般为 4 片,上、下各两片,分别安装在机体和主轴承盖上的浅槽中,用定位舌或定位销定位,以防止其转动。装配时需将有减磨合金层的推力面朝向曲轴的推力面,不能装反。

推力轴承环为两片推力圆环,分别安装在第一主轴承盖的两侧。

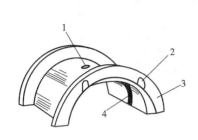

图1-11 翻边轴瓦

1-油孔;2-储油槽;3-推力面;4-环形油槽

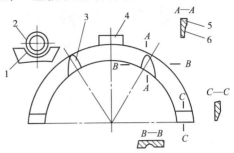

图1-12 半圆环推力片

1-定位销槽;2-定位销;3-储油槽;4-定位舌;5-减磨合金层;6-钢背

三、配气机构

(1)配气机构的功用。配气机构的功用是按照柴油机发火次序和各缸工作循环,定时开启和关闭进、排气门,保证各缸及时吸进新鲜气体,并及时排出废气。

(2)配气机构的组成。顶置气门式配气机构由气门组和传动组两部分组成。图1-13为顶置气门式配气机构简图,其进、排气门均布置在汽缸盖上。气门组由气门、气门导管、气门弹簧、弹簧座和锁片等组成。传动组由摇臂轴、摇臂、推杆、挺杆、凸轮轴和正时齿轮等组成。

(3)工作原理。柴油机工作时,凸轮轴由曲轴通过正时齿轮驱动,凸轮的凸起部分顶起挺杆时通过推杆、调整螺钉使摇臂摆动,在消除气门间隙 S 后压缩气门弹簧,使气门开启;当凸轮的凸起部分离开挺杆后,气门便在弹簧张力的作用下压紧在气门座上,这时气门关闭。

四冲程柴油机每完成一个工作循环,曲轴转两周,各缸的进、排气门各开启一次,即凸轮轴只需转一周,因此曲轴与凸轮轴的转速为2:1。

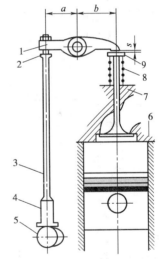

图1-13 顶置气门式配气机构

1-摇臂;2-调整螺钉;3-推杆;4-挺杆;5-凸轮轴;6-汽缸盖;7-气门;8-气门弹簧;9-气门弹簧座

(4)配气相位。用曲轴转角表示的进、排气门开闭时刻和持续时间,称为配气相位。配气相位的各个角度可用配气相位图(图1-14)表示。

(5)气门间隙及其调整。气门间隙是指气门处于完全关闭状态时,气门杆尾端与摇臂之间的间隙。柴油机工作时,配气机构零件(特别是排气门)受热而伸长,如果传动件之间没有间隙或间隙过小,气门被传动件顶住,使气门与气门座不能紧密贴合,这样便会造成气门漏气、柴油机功率下降,并造成气门烧损。反之,如果气门间隙过大,传动件之间会产生冲击,造成气门弹簧振动甚至断裂,并使各接触面磨损加剧,气门开启高度和开启延续时间缩短,降低充气效率。合理的气门间隙应该是在保证气门关闭严密的情况下尽可能小些。由于排气门的工作温度较高,因此其气门间隙比进气门的大。

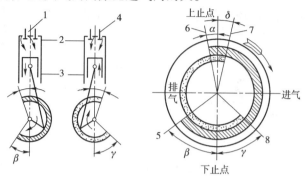

图1-14 配气相位

1-进气门;2-上止点;3-下止点;4-排气门;5、6-进气门开;7-排气门关;8-排气门开

气门间隙在冷车和热车时是不一样的。冷车气门间隙是指柴油机未工作或未走热时的气门间隙,通常进气门间隙为0.25~0.30mm,排气门间隙为0.30~0.35mm。热车气门间隙是指柴油机已达到正常工作温度后停车检查的气门间隙。一般比冷车气门间隙小0.05mm左右。气门间隙用厚薄规检查,间隙不符合要求时应进行调整。

调整气门间隙时(图1-15),松开摇臂上调整螺钉的锁紧螺母,将厚薄规中与所调气门间隙相同厚度的厚薄规片插入摇臂压头与气门脚之间,用螺丝刀旋转调整螺钉,并来回移动厚薄规,当感到移动厚薄规略有阻力时,将调整螺钉锁紧即可。

气门间隙必须在气门完全关闭状态才可以调整。查找关闭状态的气门可采用逐缸检查和两次检查的办法;调整气门间隙可采用逐缸调整法和两次调整法予以调整。

(6)凸轮轴。凸轮轴的功用是直接控制各缸进、排气门的开启和关闭,如图1-16所示。

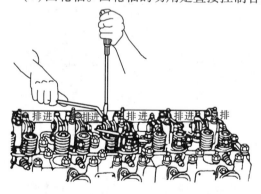

图1-15 气门间隙的调整

图1-16 凸轮轴

凸轮轴通过凸轮轴轴颈支撑在凸轮轴轴承孔内,故凸轮轴轴颈数目会影响凸轮轴的支撑刚度。下置式凸轮轴每隔一两个汽缸设置一个凸轮轴轴颈。

(7)挺柱。挺柱用来将凸轮的运动传给推杆。挺柱的底面与凸轮接触,顶面呈凹球形与挺杆接触。它的形式有菌形和杯形(筒形)、滚轮形,如图1-17所示。

(8)推杆。推杆多为细长杆,用无缝钢管或空心钢管制成。下端与挺柱接触,上端与摇臂调整螺钉接触。工作中推杆不仅要做上下运动,而且要做微量摆动。

(9)摇臂。摇臂是推杆与气门之间的传动件。它的作用是改变运动方向,驱动气门开启。一般柴油机摇臂结构中部圆孔内镶有衬套,通过摇臂轴支撑在摇臂座上,并可以灵活摆动。两端一般为不等长的臂,长臂与气门接触,短臂则通过调整螺钉与推杆相接触。这样,推杆较小的移动可使气门有较大的升程。

(10)摇臂轴。摇臂轴用来支撑摇臂并兼作油道。摇臂轴采用空心结构,通过摇臂轴座固定在汽缸盖上。为防止摇臂在摇臂轴上产生轴向移动,相邻两摇臂间装有压力弹簧。摇臂轴组合件如图1-18所示。

(11)气门。气门的功用是直接控制进、排气道。

气门结构:气门主要由菌形的气门头和圆柱形的气门杆组成(图1-19)。气门头有平顶、凸顶、凹顶3种形状,如图1-20所示。目前,平顶气门应用最为广泛。

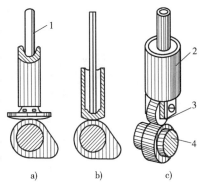

图1-17 挺柱形状
a)菌形;b)杯形;c)滚轮形
1-推杆;2-挺柱;3-滚轮;4-凸轮

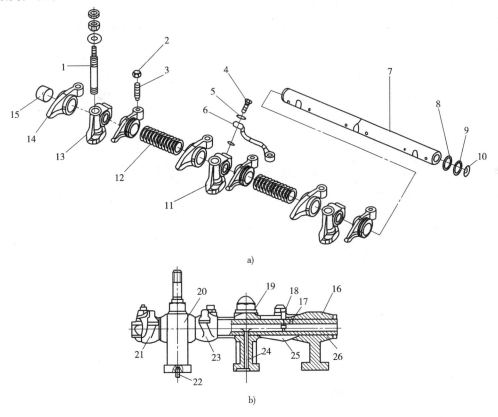

图1-18 摇臂轴组合件
a)零件分解;b)摇臂轴油道
1-摇臂轴座固定螺栓;2-锁紧螺母;3-气门调整螺钉;4-接头螺栓;5-密封圈;6-通油管;7、26-摇臂轴;8-摇臂轴垫圈;9-挡圈;10-碗形塞片;11、16、19、20-摇臂轴座;12-定位弹簧;13-摇臂轴座;14、21、23、25-摇臂;15-气门摇臂衬套;17、18-油孔;22-定位销;24-油孔

（12）气门弹簧。气门弹簧的功用是克服在气门关闭过程中气门及传动件的惯性力,防止各传动件之间因惯性力的作用而产生间隙,保证气门及时落座并紧密贴合,防止气门发生跳动,破坏其密封性。为此,气门弹簧应有足够的刚度和安装预紧力。

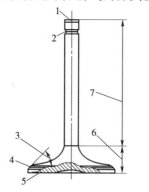

图 1-19 气门结构
1-气门尾部端面;2-气门锁夹槽;3-气门锥角;
4-气门锥面;5-气门顶面;6-气门头;7-气门杆

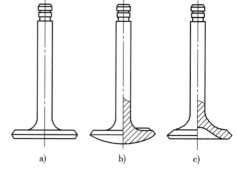

图 1-20 气门头部形状
a）平顶;b）凸顶;c）凹顶

气门弹簧的一端支撑在汽缸盖上,而另一端则压靠在气门杆尾端的弹簧座上,如图 1-21 所示。

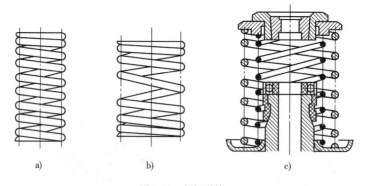

图 1-21 气门弹簧
a）等螺距弹簧;b）变距弹簧;c）反向双弹簧

（13）气门座。汽缸盖与进、排气门锥面相结合的部位称为气门座。

（14）气门导管。气门导管的功用是引导气门运动,并为气门杆散热。

四、供给系

供给系包括进、排气装置和燃料供给装置。

进、排气装置的作用,一是将空气滤清并分配给每个汽缸,二是引导燃烧后的废气经排气消声器排入大气。

进、排气装置包括：空气滤清器、进气歧管、排气歧管、排气消声器、进气管排气管,增压柴油机还包括废气涡轮增压器、中冷器。

燃料供给装置的作用是将柴油从油箱中吸出,经燃油滤清器输入喷油泵,再将喷油泵形成的高压油供给喷油器。柴油经喷油器定时、定压和定量地向汽缸内喷入。

燃料供给装置包括：柴油箱、油管、输油泵、柴油滤清器、油水分离器、喷油泵、高压油管、喷油器等。

1. 柴油机机械控制式供油系的类型

按结构特点不同，柴油机机械控制式供油系分为柱塞式、分配泵式、单体泵式、PT泵式及油泵—喷油器式。在四冲程柴油机上，柱塞泵供油系的应用较为广泛。

2. 柴油机机械控制式供油系的组成

柴油机机械控制柱塞泵式供油系包括喷油泵、喷油器和调速器等主要部件及柴油箱、输油泵、油水分离器、柴油滤清器、供油提前角自动调节器和高、低压油管等辅助装置，如图1-22所示。

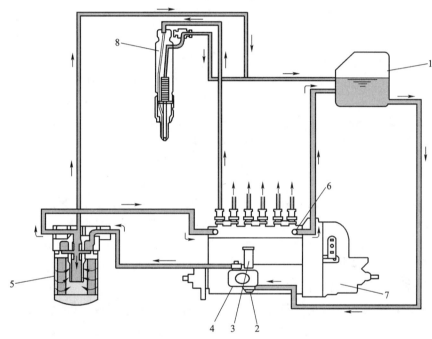

图1-22　柴油机柱塞泵式供油系

1-柴油箱;2-滤网;3-手动泵;4-输油泵;5-柴油滤清器;6-溢流阀;7-喷油泵及调速器;8-喷油器

3. 柴油机柱塞式喷油泵

柱塞泵式供油系具有结构、工艺成熟，工作可靠，维修、调整方便，使用寿命长等优点，被广泛应用在各种形式的柴油机上。

柱塞式喷油泵一般由柴油机曲轴的正时齿轮驱动。固定在喷油泵体上的输油泵由喷油泵的凸轮轴驱动。输油泵从柴油箱中吸油经管路压入喷油泵，高压泵提高压力后送入喷油器，喷油器将柴油喷入燃烧室。

喷油泵的功用是按照柴油机的运行工况和工作顺序，以一定的规律适时、定量地向喷油器输送高压柴油。

对于多缸柴油机，为保证整机具有良好的工作性能，要求各缸的供油提前角、供油持续角、供油量和供油压力等参数都相同。同时，要求断油迅速干脆，避免喷油器产生滴漏或不正常喷射现象。

4. 柱塞式喷油泵的结构与工作原理

（1）柱塞式喷油泵的总体结构。柱塞式喷油泵利用柱塞在柱塞套内的往复运动进行吸油和压油，每一副柱塞与柱塞套只向一个汽缸供油。对于单缸柴油机，由一套柱塞偶件组成单体泵；对于多缸柴油机，则由多套泵油机构分别向各缸供油。各缸的泵油机构组装在同一壳体中，称为多缸泵，而其中每个泵油机构则称为分泵。

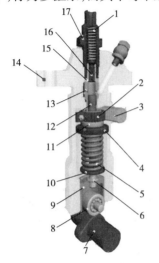

图1-23 柱塞式分泵
1、5-弹簧；2-齿圈；3-齿条；4-上承盘；6-调整螺钉；7-凸轮；8-滚轮；9-滚轮体；10-下承盘；11-转动套；12-柱塞；13-柱塞套；14-泵体；15-出油阀座；16-出油阀；17-管接

图1-23是柱塞式分泵的结构，其关键部分是泵油机构。

泵油机构主要由柱塞偶件（柱塞和柱塞套）、出油阀偶件（出油阀芯和出油阀座）等组成。柱塞的下部固定有调节机构（调节套筒、调节齿杆、调节齿圈），可通过它转动柱塞。

柱塞上部的出油阀芯由出油阀弹簧压紧在出油阀座上，柱塞下端与供油正时调整螺钉接触，柱塞弹簧通过弹簧座将柱塞推向下方，并使滚轮保持与凸轮轴上的凸轮相接触。喷油泵凸轮轴由柴油机曲轴通过传动机构来驱动。对于四冲程柴油机，曲轴转两圈，喷油泵凸轮轴转一圈。

（2）柱塞式喷油泵的泵油原理。柱塞的圆柱表面上铣有直线形（或螺旋形）斜槽，斜槽内腔和柱塞上面的泵腔用孔道连通。柱塞套上的两个圆孔都与喷油泵体上的低压油腔相通。柱塞由凸轮驱动，在柱塞套内做往复直线运动。此外，柱塞还可以绕自身轴线在一定角度范围内转动。当柱塞下移动到图1-24a）所示位置时，柴油自低压油腔经进油孔被吸入并充满泵腔。在柱塞自下止点上移的过程中，起初有一部分柴油被从腔挤回低压油腔，直到柱塞上部的圆柱面将两个油孔完全封闭时为止。此后柱塞继续上升如图1-24b）所示，柱塞上部的柴油压力迅速增高到足以克服出油阀弹簧的弹力，出油阀芯即开始上升。当出油阀芯的圆环形带离开出油阀座时，高压油便自泵腔通过高压油管流向喷油器。当柴油压力高出喷油器弹簧控制的喷油压力时，喷油器则开始喷油。当柱塞继续上移到图1-24c）位置时，斜槽与油孔开始连通，于是泵腔内油压迅速下降，出油阀芯在弹簧压力作用下立即复位，喷油泵停止供油。此后柱塞仍继续上行，直到凸轮达到最高升程为止，但不再泵油。然后柱塞下行，进行下一个吸油行程。

5. 调速器

调速器的功用是在柴油机负荷变化时自动调节供油量，协助司机稳定柴油机转速。

按照工作原理，调速器可分为机械式、气动式、液压式和电子式等类型。其中，机械式调速器以其结构简单、工作可靠而得到广泛应用。按照控制调速范围，机械式调速器又可分为单级式、两级式和全程式3种。其中，单级式调速器仅能在一定转速下起作用，适用于工作转速恒定的柴油机；两级式调速器仅在低速和最高转速下起作用，可稳定柴油机怠速运转，并能防止高速时"飞车"，它适用于转速变化频繁且要求具有良好加速性能的车用柴油机；全程式调速器则在规定转速范围内均能起作用,适用于负荷变化预见性差且工作转速范围宽的柴油机,如拖拉机、大型载货汽车及工程机械用柴油机等。

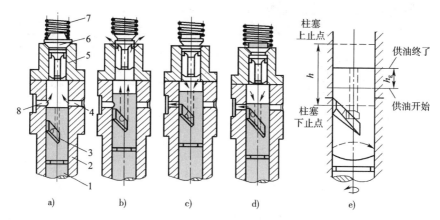

图 1-24　柱塞式喷油泵的工作原理
a)进油;b)压油;c)停止压油;d)回油;e)油量调节
1-柱塞;2-柱塞套;3-斜槽;4、8-进回孔;5-出油阀座;6-出油阀;7-出油阀弹簧

6. 喷油器

喷油器的功用是将喷油泵供给的高压柴油喷入燃烧室,使柴油雾化成细粒并合理地分布在燃烧室中,以便于和空气混合形成可燃混合气。

根据可燃混合气的形成与燃烧的要求,喷油器应控制喷射压力,停止喷油时应能迅速地切断柴油,不发生滴漏现象。

喷油器分为开式和闭式两种。开式喷油器的高压油腔通过喷孔直接与燃烧室相通,而闭式喷油器则在其之间有针阀隔断。目前,柴油机绝大多数采用闭式喷油器,其常见的形式有两种:孔式喷油器和轴针式喷油器。孔式喷油器多用于直接喷射式燃烧室,轴针式喷油器则主要用于分隔形燃烧室。

(1)孔式喷油器的结构。孔式喷油器的结构如图 1-25 所示,由针阀芯、针阀体、顶杆、调压弹簧、调压螺钉及喷油器体等零件组成。其中,最主要的是用优质合金钢制成的针阀精密偶件,俗称喷油嘴。针阀有两个锥面,下面的锥面为密封锥面,与针阀体下端的环形锥面共同起密封作用(图 1-26),切断高压柴油柴油与燃烧室的通路。针阀芯中部的锥面为承压锥面,该锥面承受柴油压力,推动针阀芯向上运动。针阀芯顶面通过顶杆承受调压弹簧的预紧力,使针阀芯处于关闭状态。该预紧力决定针阀芯的开启压力或称喷油压力,调整调压螺钉可改变喷油压力的大小(拧入时压力增大、拧出时压力减小),调压螺钉保护螺母则用来锁紧调压螺钉。喷油器工作时从针阀偶件间隙中泄漏的柴油经回油管接头螺栓流入回油管。为防止细小杂物堵塞喷孔,在一些喷油器进油接头中装有缝隙式滤芯。

(2)孔式喷油器的工作原理。柴油机工作时,来自喷油泵的高压柴油经喷油器体与针阀体中的油道进入针阀芯中部周围的环状空间——压力室。油压作用在针阀的锥形承压面上形成一个向上的轴向推力,此推力克服调压弹簧的预压力使针阀向上移动,针阀芯下端的密封锥面离开针阀体锥形面而打开喷孔,高压柴油喷入燃烧室中。喷油泵停止供油时,高压油路内压力迅速下降,针阀芯在调压弹簧作用下及时复位,将喷孔关闭。

孔式喷油器的喷孔数目一般为1~8个,其中2~4个喷孔多用。喷孔直径较小,为0.2~0.8mm。喷孔数目和分布的位置,根据燃烧室的形状和要求而定。多缸柴油机为使各缸喷油器工作性能一致,各缸采用长度、材质和规格相同的高压油管。

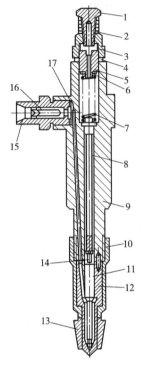
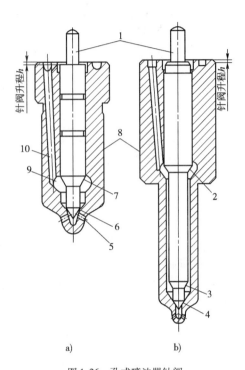

图1-25　孔式喷油器
1-回油管接头;2、17-衬垫;3-保护螺母;4、6-垫圈;5-调压螺钉;7-调压弹簧;8-顶杆;9-喷油器体;10-喷油嘴锁紧螺母;11-针阀;12-针阀体;13-垫块;14-定位销;15-进油管接头;16-喷油器滤芯

图1-26　孔式喷油器针阀
a)短形;b)长形
1-针阀;2、3、7-承压锥面;4、6-密封锥面;5-喷孔;8-针阀体;9-压力室;10-进油道

7. 输油泵

输油泵的功用是保证足够数量的柴油自柴油箱输送到喷油泵,并维持一定的供油压力,以克服管路及柴油滤清器的阻力。输油泵的输油量一般为柴油机全负荷需要量的3~4倍。输油泵有膜片式、滑片式、活塞式及齿轮式等多种形式。膜片式和滑片式输油泵分别作为分配式喷油泵的一级和二级输油泵,而活塞式输油泵则与柱塞式喷油泵配套使用。

(1)活塞式输油泵结构。活塞式输油泵安装在柱塞式喷油泵的外侧面,由喷油泵凸轮轴上的偏心轮驱动,如图1-27所示。

(2)活塞式输油泵的工作原理。当喷油泵凸轮轴(图1-28)转动时,在偏心轮和活塞弹簧的共同作用下,输油泵活塞在输油泵体内做往复运动。当输油泵活塞在活塞弹簧的作用下向上运动时,A腔容积增大,产生真空度,进油止回阀开启,柴油经进油口被吸入A腔。与此同时,B腔容积缩小,其中的柴油压力增高,出油止回阀关闭,B腔中的柴油经出油口被压出,送往柴油滤清器。当偏心轮推动滚轮、挺柱和推杆,使输油泵活塞向下运动时,A腔油压增高,进油止回阀关闭,出油止回阀开启,柴油从A腔流入B腔。

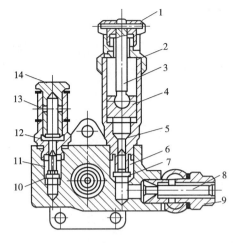
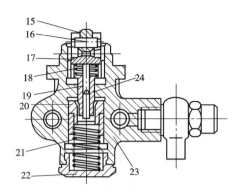

图 1-27 活塞式输油泵

1-手压泵拉链;2-手压泵盖;3-手压泵杆;4-手压泵活塞;5-手压泵体;6-进油止回阀弹簧;7-进油止回阀;8-滤网;9-进油管接头;10-出油止回阀;11-出油止回阀弹簧;12-接头;13-保护套;14-出油管接头;15-滚轮;16-滚轮销;17-挺柱;18-撑杆弹簧;19-撑杆;20-活塞;21-活塞弹簧;22-螺塞;23-输油泵体;24-导管

若喷油泵用油量减少,或柴油滤清器阻力过大,则使 B 腔油压增高。当活塞弹簧的弹力恰好与 B 腔的油压平衡时,活塞便滞留在某一位置而不能回到其行程的止点处。在这种情况下,活塞的行程减小,输油泵的输油量自然减少,从而限制了油压的继续增高,即实现了输油量与供油压力的自动调节。

8. 柴油滤清器

柴油的清洁程度对供油系,尤其是对喷油泵和喷油器中精密偶件的工作可靠性和使用寿命有很大影响。柴油在运输和储存过程中,不可避免地会混入灰尘、水分和金属容器表面的诱蚀等杂质。长期储存之后,柴油还可能氧化变质而结焦。

柴油滤清器的功用是滤除柴油中的杂质。对柴油机滤清器的基本要求是阻力小,寿命长,过滤效率高。

现代柴油机多采用纸质滤芯的柴油清滤器,其结构如图 1-29 所示。输油泵输出的柴油经进油口进入滤清器壳体与纸质滤芯之间的空隙,然后经滤芯过滤后从中心杆经出油口流出。滤清器盖上设有限压阀,当油压超过 0.1 ~ 0.15MPa 时,限压阀开启,柴油经限压阀返回柴油箱。纸质滤芯能过滤 13μm 的杂质,使用寿命约为 400h。纸质滤芯具有质量轻、体积小、成本低、滤清效果好等优点,应用较为广泛。许多工程机械柴油机上,采用粗、精两级滤清器。两级滤清器串联使用时,粗滤器采毛毡等纤维滤芯,精滤器仍用纸滤芯。毛毡滤芯可滤除粒度为 5 ~ 10μm

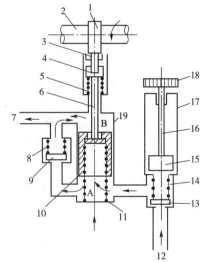

图 1-28 活塞式输油泵的工作原理

1-偏心轮;2-喷油泵凸轮轴;3-滚轮;4-挺柱;5-推杆弹簧;6-推杆;7-出油口;8-出油止回阀弹簧;9-出油止回阀;10-活塞;11-活塞弹簧;12-进油口;13-进油止回阀;14-进油止回阀弹簧;15-手压泵活塞;16-手压泵杆;17-手压泵体;18-手压泵拉钮;19-输油泵体

的杂质。毛毡具有一定的机械强度和弹性，堵塞以后可清洗再用。

9. 油水分离器

为了除去柴油中的水分，在柴油箱与输油泵之间装设油水分离器（图1-30），由手压膜片泵、液面传感器、浮子、分离器壳体和分离器盖等组成。

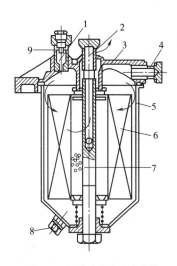 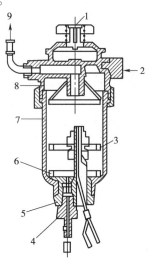

图1-29 纸质滤芯柴油滤清器　　　　　　　图1-30 油水分离器

1-限压阀;2-出油口;3-滤清器盖;4-进油口;5-壳　　1-手压膜片泵;2-进油口;3-放水水位;4-放水塞;5-液
体;6-纸质滤芯;7-中心杆;8-放油塞;9-旁通阀　　　面传感器;6-浮子;7-壳体;8-分离器盖;9-出油口

来自柴油箱的柴油经进油口进入油水分离器，并经出油口流出。柴油中的水分在分离器内从柴油中分离出来并沉积在壳体的底部。浮子随着积水的增多而上浮。当浮子到达规定的放水水位时，液面传感器将电路接通，仪表板上的报警灯发出放水信号，这时，司机应拧松放水螺塞放水。手压膜片泵供放水和排气使用。

10. 柴油机电子控制式供油系

为了适应严格的柴油机排放标准、改善柴油机运转性能和降低燃油消耗率，从20世纪80年代初期开始，各种柴油机电子控制式供油系相继问世。

（1）柴油机电子控制系的基本组成。柴油机电子控制系一般可将电控柴油机分为4个部分，即柴油机（被控对象）、传感器、控制器及执行器。后3个部分组成柴油机电子控制系统。

传感器的主要功能是检测柴油机的运行参数或状态。将非电量的有关参数或状态转化成电信号，然后不失真地将有关信息提供给控制器。

以单片机为核心的控制器是柴油机电子控制系统的核心。柴油机能否可靠、经济地运行，在很大程度上取决于控制器。它是一个典型的数字式控制器，由单片微型计算机、接口电路等硬件和软件组成。信息的采集、处理、传输和时间程序控制是该控制器的主要功能。

执行器是柴油机电子控制系统实现对柴油机进行调控的器件，它按照控制器的"意图"动作。执行器由驱动部分、执行电器和机械执行机构3部分组成。执行器是柴油机电子控制系统的最后一个环节，也是控制系统对被控对象实施调控的唯一手段。

(2)柴油机电子控制供油系的分类。柴油机电子控制式供油系的开发研究从20世纪80年代开始,已经经历了3代。

第一代位置控制式电控供油系。位置控制式电控供油系的特点是不仅保留了传统的喷油泵—高压油管—喷油器系统,而且还保留了喷油泵中机械式油量控制机构,只是将齿条或滑套的运动位置,由原来的机械调速器控制改为电子控制,使控制精度和响应速度得以提高。

第二代时间控制式电控供油系。所谓时间控制,就是用高速电磁阀直接控制高压柴油的适时喷射。这种系统可以是保留原来的喷油泵—高压油管喷油器系统,也可以采用新型的高压柴油系统。用高速电磁阀直接控制高压柴油的喷射,一般情况下,电磁阀关闭,执行喷油;电磁阀打开,喷油结束。喷油始点取决于电磁阀关闭时刻,喷油量则取决于电磁阀关闭时间的长短。

电控泵喷嘴系统主要有:德国博世(Bosch)公司研制的电控泵喷嘴系统(PDE27/PD,E28);英国Lucas公司的电控泵喷嘴EU1;美国底特律柴油机阿列森公司的DDECⅠ、DDECⅡ电控泵喷嘴系统。电控单体泵系统有德国Robert Bosch公司研制的电控单体泵。

第三代电控高压共轨式供油系。第三代电子控制式供油系是时间—压力控制式,俗称电控高压共轨式供油系,也称为最普通、最先进的供油系。这是国外于1997年推向市场的一种新型柴油机电控供油技术。它摒弃了以往传统使用的泵—管—嘴脉动供油的形式,代之用一个高压泵在柴油机的驱动下,以一定的速比连续将高压柴油输送到共轨槽内,高压柴油再由共轨送入各缸喷油器。高压泵并不直接控制喷油,而仅仅是向共轨供油以维持所需的共轨压力,并通过连续调节共轨压力来控制喷射压力,采用压力—时间式燃油计量原理,用高速电磁阀控制喷射过程。喷油压力、喷油量喷油速率及喷油定时由电控单元(ECU)灵活控制。该供油系具有如下优点:

①可实现高压喷射,喷射压力最高已达200MPa。

②喷射压力独立于柴油机转速,可以改善柴油机低速、低负荷性能。

③可以实现预喷射,调节喷油速率形状,实现理想喷油规律。

④喷油定时和喷油量可自由选定。

⑤具有良好的喷射特性,可优化燃烧过程,使柴油机的润滑油耗、烟度、噪声及排放等性能指标得到明显改善,并有利于改进柴油机的转矩特性。

⑥结构简单,可靠性好,适应性强,可在所有新老柴油机上应用。

目前,国外已开发出许多高压共轨式供油系,其中比较典型的有:日本电装(Denso)公司的ECD-U2高压共轨式供油系和德国博世(Bosch)公司的高压共轨式供油系。

(3)柴油机电子控制式供油系工作原理。以第三代电控高压共轨式供油系为例介绍其工作过程,如图1-31所示。

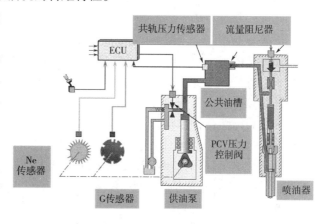

图1-31 Denso共轨系统组成

第三代电控高压共轨式供油系是通过各传感器检测出的发动机的状况(转速、加速踏板、冷却液温度等),传递给计算机(ECU),然后由计算机(ECU)来控制燃油的喷射量、喷射时间、喷射压力,使发动机运行最佳。同时,计算机还不断进行自我检查,如果发现有任何异常,就会发出警报,告诉司机,并且有自我保护程序,能自动停机或使机器进入安全的作业模式运行。

11. 采用电控高压共轨供油系柴油机的使用技术

(1)基本操作注意事项。

①柴油机的起动。起动柴油机前检查液位、油位、蓄电池电压等,起动时间不能过长(要小于5s);不要踩加速踏板,因为起动油量已经在ECU中被设置固定,踩加速踏板也不会增大供油量。

应按各机型的不同要求进行起动操作,首先将起动开关拧转到"ON"位置,预热指示灯点亮,经过约0.5s预热指示灯熄灭,同时将起动开关拧转到"START"位置,即可起动柴油机;或经过4.0~7.0s(柴油机冷机状态),预热指示灯一熄灭就将离合器踏板和加速踏板踩到底,同时将起动开关拧转到"START"位置,即可起动柴油机。起动后,柴油机自动进入快怠速暖机运转。

②工程机械行驶。在工程机械行驶中不要猛踩加速踏板,由于在急加速时电控高压共轨柴油机的ECU能自动将油量平稳增加,所以,即使猛踩加速踏板也不会得到想象中的急加速效果。

③柴油机的停机。柴油机停机前至少怠速运行3min才能熄火,如果是高速或大负荷运行后,怠速运行时间应该进行相应的延长。

④供油系排除空气。当柴油机因各种原因需要排除空气时,一定要在停机状态下,且必须采用手压泵排除。禁止用起动机拖动柴油机排除空气,因为这会缩短蓄电池寿命。如果需要松开高压油管时,必须停机15min以上,待共轨内的压力下降以后才能松开高压油管,否则,共轨内的高压柴油喷出极有可能造成人员伤害。在排除空气过程中应避免柴油溅到排气管、起动机、线束及接插件上,若不小心溅到柴油则必须将其擦拭干净。

⑤涉水行驶。由于电控柴油机是采用微电脑控制,所有输入、输出信号都是电信号,所以要防止进水。当必须涉水行驶时,要避免电控系统因进水而受到损坏,原则上控制器离水面的高度应超过200mm,并且涉水行驶时速度应小于10km/h。

⑥故障指示灯。当柴油机出现故障时,电控系统发出故障警报,此时该指示灯闪亮,并且按照一定的规律用闪码报出故障形式,司机可以借此来识别故障,根据故障情况及时安排人员检查维修。

⑦故障行驶。当柴油机发生故障时,故障指示灯将显示相关信息,并且判断如果不会导致柴油机故障恶化,控制单元就使柴油机以较低的转速和较小的输出功率运行,进入所谓的"跛脚回家状态"。例如,出现冷却液温度超过设定值、高压油管破裂、增压压力低等情况时,此时柴油机会限制转速和功率,这是电控柴油机为确保行车安全并且能让用户方便维修的人性化功能。在"跛脚回家"的情况下,司机应耐心地将工程机械开到附近的维修站,在此过程中踩加速踏板是没有用的。

(2)电控单元的日常维护需要注意的问题。柴油机电控高压共轨供油系的电控元件和线束一定要保持清洁、无水、无油和无尘。电控高压共轨供油系的柴油机的日常维护应注意以下几点：

①拔插线束及其传感器或执行器连接的插件之前，切记应首先关掉点火开关、电源总开关，然后才可以进行柴油机电器部分的日常维护操作。

②关闭电源开关之前，应首先关闭点火开关。因为电子控制单元（ECU）在点火开关断开后，需要一段时间存储柴油机的运行状态参数，建议在关闭点火开关 10s 后再断开电源总开关；接通电源和点火开关时，应先接通电源总开关，然后再接通点火开关。

③电控高压共轨供油系的正常工作电压范围是 18～34V，但蓄电池电压应尽量保持在 22～26V。

④严禁用水直接冲洗柴油机电子控制元件，当电器元件意外进水后，例如控制单元（ECU）或线束被水淋湿或浸泡，应首先切断电源总开关，并立即通知维修人员处理，不要自行运转柴油机。

⑤定期用清洁软布擦拭柴油机线束上积累的油污与灰尘，保持线束及其与传感器或者执行器的连接部分的干燥清洁；当对电控高压共轨柴油机进行维护时，如更换高压油管或排净空气后，应立即将相关接插件上溅到的油迹用软布吸干。

⑥所有的接插件都是塑料材料，安装或拔出时，禁止猛力操作，一定要确保锁紧定位装置插到位，插口中无异物。

⑦注意维护整车电路，发现有线束老化、接触不良或外层剥落时，要及时维修更换。但传感器出现损坏时，一定要由专业的维修人员进行整体更换，不能自行在柴油机上简单对接或维修。进行电焊作业时，一定要关闭总电源并拔掉 ECU 上所有插头。

（3）电控高压共轨供油系统日常维护需要注意的问题。

①相对传统的机械控制式供油系而言，电控高压共轨供油系对柴油的清洁度与含水率有很高要求。不清洁的柴油会使共轨产生穴蚀，也会使运动部件和精密偶件受到异常磨损而缩短其使用寿命。因此对电控高压共轨供油系统维护时要特别注意操作现场的清洁。

②要定期更换柴油滤清器及油水分离器。

③不要加注不符合国标的柴油，应该到正规的加油站进行加油。由于国内油品整体水平不高，水分和杂质较多，用户应该定期放出油水分离器中的水分。

④所有的供油系管路在拆装过程中要妥善保管，避免脏污。严禁在柴油机运转时拆卸高压油管，因为，此时高压油管中的油压很高，一定要停机 15min 以上才能拆卸油管，以确保安全。

⑤必须使用柴油机生产厂家认可的电控高压共轨柴油机专用柴油滤清器及其滤芯。滤芯更换周期：每运行 15000km 或累计运行 300h 更换一次。更换滤芯的方法：用专用工具将滤芯从柴油滤清器座上拧下，用力要均匀，以免挤压变形；检查新滤芯的密封圈是否完好；不允许往新滤芯中灌注柴油；更换滤芯后要按用户手册的要求用手压泵排除空气。

（4）电控高压共轨供油系柴油机进、排气系统日常维护需要注意的问题。

①进、排气系统的作用是保证进气清洁、充足，排气通畅。如果进、排气系统出现问题，会引发零部件早期磨损，柴油消耗增高，功率不足等故障。

②绝对禁止柴油机在不装空气滤清器或空气滤清器失效的情况下工作。

③平时可以通过观察装在空气滤清器后面的进气管上的空气阻力指示器来判断空气滤清器的堵塞情况,如果空气阻力指示器的颜色由绿色变为红色,说明需要更换滤芯。如果没有阻力指示器,则视环境空气中含尘量高低来确定检查、清理或更换的周期。

④每运行 5000～8000km 应检查并清洁空气滤清器的滤芯,由于工程机械用途和使用环境差异很大,应该灵活掌握检查或维护空气滤清器滤芯的时间。

⑤定期检查的增压器,要求管路连接可靠,无破损;增压器叶轮转动灵活,轴向间隙适当;无窜油窜气现象;排气制动阀和消声器无堵塞。

(5)电控高压共轨供油系柴油机润滑系日常维护需要注意的问题。

①电控高压共轨供油系柴油机零部件的精度很高,因而对于机油油品的要求较高,必须使用高质量等级的、正规厂家的品牌机油。

②机油的工作温度要求 90～110℃,机油压力在柴油机正常工作时为 0.3～0.6MPa,怠速时不低于 0.15MPa,当机油压力过低时要及时停车检查,否则会引起烧瓦等故障。日常驾驶中应避免急速停车,开车和停车前均应怠速运转 3～5min,使润滑油路的油压建立起来,避免瞬时缺油,损坏增压器及其他相关部件。

③定期检查油底壳内润滑油面高度和油品质量,油面要保持在标尺的上下限度之间,机油变质后要及时更换。

④工程机械每运行 8000～10000km 时,就要更换机油及机油滤清器,起动频繁或经常在高速大负荷下运行时适当缩短换油周期。

(6)电控高压共轨供油系柴油机水冷却系日常维护需要注意的问题。

①水冷却系是否正常运行关系到柴油机的性能及可靠性。当水冷却系出现问题时,会有冷却液温度过高、冷却液箱返水等现象,继而引起柴油机机油温度高、排气温度高、油耗高、功率不足甚至零部件烧毁等故障。

②日常维护和使用中要注意检查各接合面是否存在冷却液泄漏现象,冷却液的容量不够要及时添加;定期检查水泵带轮的松紧度和磨损程度,水泵的流量是否正常;节温器和温度表是否有效。使用较长时间后要注意对水套内的水垢进行清理,应该使用处理过的软水。停机较长时间或寒冷地区停机时要放尽冷却液,以免冻裂缸体。

③当冷却液温度过高时,柴油机会进入热保护状态,使供油量减少,此时会自动停机,用户应该仔细检查原因后予以排除。

④根据柴油机厂家的要求选择合适的冷却介质,如有些柴油机只能用冷却液,不允许用冷却水。

(7)电控高压共轨供油系柴油机对柴油的使用与过滤要求。

电控高压共轨供油系的油品主要体现在下面几个方面:

①电控高压共轨供油系柴油机的喷油压力由传统柴油机的 8～20MPa 提高到 140MPa 以上,使柴油喷射雾化质量更好,同时喷油器油孔更细,劣质柴油里的杂质可能会导致喷油器堵塞或损伤。

②目前,国产柴油的含硫量较高,达不到国Ⅲ排放标准的要求,会导致喷油器密封件腐蚀。因此,使用此类柴油要特别注意滤芯质量和更换周期。

③柴油如果含水率高,喷油器柱塞副和针阀偶件得不到有效润滑,会导致发卡损坏。

因此,为保证电控高压共轨供油系正常工作,建议如下:

①如果柴油箱口配有滤网,加油时不要图方便把它取掉;柴油箱要保持清洁。

②目前,电控高压共轨供油系柴油机上的柴油滤清器,一般都带有油水分离装置,目的是为了过滤杂质和分离水分,必须定期维护。

③电控高压共轨供油系柴油机热负荷较高(重型柴油机的冷却液温度可以达到107℃),冷却液不可用水,一定要按随车手册上的标号加防冻液(不分冬、夏季)。

④电控高压共轨供油系柴油机对机油要求很高,一定要加注高级别(CF以上)的机油。

⑤电控高压共轨供油系柴油机带预热装置,可以保证在-30℃正常起动。低温时,在柴油机预热灯没有熄灭前不要起动柴油机。

⑥ECU要远离热源,要防水、防干扰、防尘、防碰撞。

⑦由于国内柴油质量不稳定,含水分和机械杂质较高,对于未装油水分离装置的柴油机,建议使用或加装带油水分离装置的柴油滤清器。

⑧保持空气滤清器洁净,最大限度地提高空气进气量,使柴油燃烧更充分。

⑨选择合适的挡位,尽量使用高挡位行驶保持柴油机中等偏高转速运转,以保证工程机械生产率高并在经济的车速下运行。

(8)电控高压共轨供油系柴油机的综合注意事项。

①柴油机的蓄电池电容量不足时,不能用快速起动电源来进行起动,但可以用其他蓄电池辅助起动。

②在进行柴油机故障检查的过程中,不能随便拔插电器接头及元件,应在点火开关关闭后进行。注意不要直接用万用表表笔在插接头前端进行相应的测量,而应采用专用接头或按技术手册要求进行,此外,还应注意接头及元件的清洁,不要让水、柴油或灰尘进入。

③不能直接对电控高压共轨供油系的柴油机进行焊接维修作业,必须作业时,需将控制单元拆除后才能进行该项操作。

④如需要对电控高压共轨供油系进行拆卸时,一定要在柴油机停机一段时间后才能进行,具体时间由各车型、柴油机型号和电控系统的规定而定。在组装时,要注意保持接头的清洁及紧固后的密封性。根据拆卸的情况逐段进行排除空气,首先是柴油箱到柴油滤清器,然后到输油泵,即将泵体上的排气塞或排气口旋开,用手压泵将泵体内的气体排出。

⑤不能用传统的方法进行电控高压共轨供油系柴油机的故障诊断,只有经过该系统专业知识培训的技师方能从事该项工作,并应用合适的诊断设备、专用工具进行。同时,在故障诊断前需要详细阅读柴油机制造厂的操作指南和技术说明书。

⑥电控高压共轨供油系柴油机故障诊断多采用逆源诊断法,先使用诊断设备找出故障的可能原因,然后从外围设备到控制单元逐步寻找故障所在的部位,最后加以解决。

12. 进、排气装置,增压器以及中冷器

(1)进、排气管。进、排气管的布置随柴油机总体结构布置而不同,一般分别布置在柴油机的两侧,以免进气受到排气管高温的加热。V形柴油机,一般都利用V形夹角中间的空间来安放进气管,排气管则放在柴油机的两侧。

(2)排气消声器。排气消声器的功能是降低排出废气的噪声、温度和压力,以保证安全。

排气消声器一般采用1mm钢板卷制而成,安装在排气管的出口处。其结构如图1-32所示。它由三级扩张共振室组成,当废气通过共振室后,声能被消耗,从而达到消声的目的。

(3)空气滤清器。空气滤清器的功用是清除空气中的灰尘和杂质,减小由于进气带进的灰尘杂质对活塞、活塞环、汽缸套、进气门等零件的磨损。对空气滤清器的基本要求是具有高效的滤清能力,空气的流通阻力小,能长期连续工作,维护检修方便。

(4)柴油机增压。提高柴油机功率的主要措施是增加循环供油量、通过燃烧产生更多的热能。增加循环供油量的同时应增加空气供给量,以便柴油得以充分燃烧。增加空气供给量的方法之一是进气增压。所谓进气增压,就是提高进入柴油机汽缸的空气密度,从而达到增加进气质量的目的。柴油机增压不仅可以提高其动力性和燃料使用经济性,还可降低柴油机的噪声及排放污染。

增压就是在柴油机上装一台增压器来提高进气密度。根据驱动增压器所用能量来源的不同,增压方法基本上可以分为机械增压、废气增压、气波增压和复合增压4类,其中废气涡轮增压应用最为广泛。

(5)进气中冷。通过废气涡轮增压器后进入汽缸的空气,由于受压缩功的影响,进气温度大幅度提高,全负荷时进气温度一般达到120℃左右,因而空气密度明显下降,限制了柴油机功率的进一步提高,因此出现了"增压中冷"技术。"增压中冷"是将柴油机冷却液或前端的进风,穿过"中冷器"(即热交换器),将增压后的进气进行"中间冷却",水冷型可将进气温度冷却至90℃左右,空气冷却型可将进气温度冷却至50℃左右。采用增压中冷技术的柴油机叫增压中冷型,与增压型相比,其功率可进一步提高,燃油消耗率进一步降低。图1-33为空气冷却器。

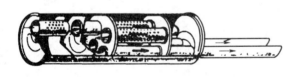 

图1-32 排气消声器　　　　　　　　　图1-33 空气冷却器

五、润滑系

1. 润滑系的作用

润滑系通过润滑油(俗称机油)发挥如下作用:

(1)润滑减磨。在各零件的摩擦表面形成润滑油膜,减小零件的摩擦磨损和功率消耗。

(2)清洁。柴油机工作时内部会有杂质产生,也会有外部杂质侵入。如柴油机工作时产生的金属磨屑,进气带入的尘埃,柴油和润滑油中的固态杂质,柴油燃烧时产生的固体杂质等。这些杂质中的硬质颗粒进入零件的工作表面就成为磨料,会大大加剧零件的磨损。而润滑系通过润滑油的流动将这些磨料从零件表面冲洗下来并带到油底壳。大的颗粒杂质沉到油底壳底部,小的颗粒杂质被机油滤清器滤出,从而起到清洁的作用。

(3)冷却。由于运动零件受到摩擦和高温燃烧的影响,某些零件具有较高的温度。而润滑油流经零件表面时可吸收其热量,这部分热量通过机油散热器(又称冷却器)和油底壳散发到大气中,起到冷却作用。

(4)密封。柴油机汽缸壁与活塞、活塞环以及活塞环与活塞环槽之间都留有一定的间隙,并且这些零件本身也存在几何偏差,这些零件表面上的油膜可以补偿上述原因造成的表面配合的微观不均匀性。由于油膜充满在可能漏气的间隙中,减小了气体的泄漏,保证了汽缸的应有压力,因而起到了密封作用。

(5)防锈防腐。由于润滑油黏附在零件表面上,避免了零件与水、空气、燃烧气体的直接接触,因而起到了防止或减轻零件锈蚀和化学腐蚀作用。

(6)降低噪声。零件工作表面之间的润滑油膜能减轻金属零件之间的撞击噪声,此外液体润滑油具有一定的吸振能力。

(7)分散应力。液体润滑油能使局部受到的集中应力分散,此外液体润滑油增大了零件的实际承压面积,因此起到了缓冲局部峰值压力的作用。

2. 润滑方式

(1)压力润滑。对负荷大、相对运动速度高的摩擦面,如主轴承、连杆轴承、凸轮轴轴承和气门摇臂轴(位置偏高)等都采用压力润滑。即利用机油泵加压,通过油道将润滑油输送到摩擦面。

(2)飞溅润滑。对外露表面、负荷较小和位置低的摩擦面,如汽缸壁与活塞、凸轮与挺杆、偏心轮、活塞销与销座以及连杆小头等,一般采用飞溅润滑。即依靠从主轴承和连杆轴承间隙挤出的润滑油或油雾来进行润滑。

(3)喷油润滑。某些零部件如活塞的热负荷较大,因此有些柴油机(如康明斯)在缸体内部活塞下面壁上装了一个喷嘴,将润滑油喷到活塞的底部来冷却活塞,进而达到控制活塞温度的目的。

(4)定期润滑。如水泵轴承等,是定期定量加注润滑脂。

工程机械柴油机将上述几种润滑方式组合使用时,称为综合润滑。

3. 润滑系的组成

柴油机的润滑系主要由润滑油的储存部件、泵送部件、滤清部件、冷却部件、压力温度检测部件等组成。现代柴油机根据其润滑油储存的位置不同,可分为湿式油底壳和干式油底壳两大类。

图1-34为柴油机中采用最多的湿式油底壳润滑系,其主要组成及作用是:

(1)油底壳。收集、储存、冷却及沉淀润滑油。

(2)机油泵。提高润滑油压力,向摩擦表面强制供油。

(3)集滤器、细滤器和粗滤器。滤去润滑油中的杂质,减轻零件磨损,防止润滑油路堵塞。其中的集滤器和粗滤器的流动阻力较小,串联在油路中。细滤器的阻力较大,与主油路并联布置,润滑油经细滤器过滤流回油底壳。流经细滤器的润滑油占总流量的10%~30%。

(4)机油冷却器及恒温阀。在柴油机工作过程中,润滑油将吸收摩擦产生的热量以及燃烧传给零件的热量,润滑油温度升高。润滑油温度若过高,不仅会加速润滑油的老化变质、缩短润滑油的使用期限,而且使润滑油的黏度下降,润滑性能变差,导致零件磨损增大。因此负荷重的工程机械柴油机的润滑油路中装有机油冷却器,以加强对润滑油的冷却。与机油冷却器并联的恒温阀用来自动控制润滑油的冷却强度,使润滑油温度保持在正常工作范围内。当柴油机温度较低时,润滑油的黏度较大,润滑油流过冷却器的阻力增大,润滑油压力升高,此时恒温阀开启,大部分润滑油不经过冷却器使润滑油温度不致过低;当润滑油的温度升高到一定数值时,恒温阀关闭,润滑油便全部流经冷却器而得到冷却。

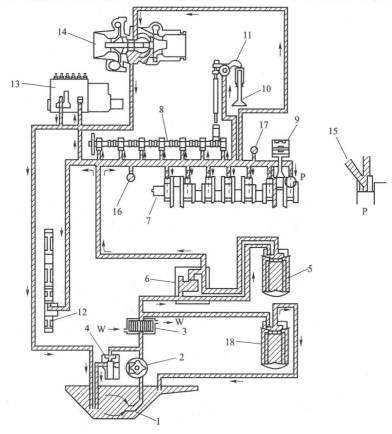

图 1-34　柴油机润滑系

1-滤网;2-机油泵;3-机油冷却器;4-调节阀;5-机油粗滤清器;6-旁通阀;7-曲轴;8-凸轮轴;9-活塞;10-气门;11-摇臂;12-正时齿轮;13-喷油泵;14-废气涡轮增压器;15-机油喷嘴;16-低位机油压力表;17-高位机油压力表;18-机油细滤器

(5)限压阀(调压阀)。它位于机油泵的出油道上,用来限制机油泵的最高油压,防止机油泵过载,避免密封件损坏。当出油道润滑油压力超过规定数值时,限压阀打开,让一部分润滑油流回油底壳。

(6)安全阀(旁通阀)。安全阀通常是装在粗滤器上并与其滤芯并联。当粗滤器滤芯被污物堵塞时,润滑油流过滤芯的阻力增大、流量减小,造成摩擦表面得不到良好的润滑。此时,粗滤器进油压力升高,安全阀被推开,润滑油不经粗滤器过滤而直接流向主油道以保证润滑。柴油机低温起动时润滑油黏度大,流动阻力大,安全阀也会开启。

(7)溢流阀。它安装在主油道上,用来保证主油道压力不致过高。油压超过正常数值10%~30%时溢流阀开启,一部分润滑油流回油底壳。

柴油机的润滑系并不是全都安装有上述4种阀,如有些柴油机用限压阀来兼作溢流阀,有些柴油机采用手操纵的转换开关来代替恒温阀。但柴油机润滑系中至少应用限压阀和安全阀。很多阀都与机油泵、滤清器制成一体,在一些油路图中可能并未见到,其实阀是存在的,只是未示出而已。

(8)油压表、油温表。它们分别用来指示主油道的油压和润滑油的温度。

(9)油管、油道。它们用来输送润滑油。

六、冷却系

(1)冷却系的作用。柴油机工作时,由于柴油机的燃烧(汽缸内气体温度高达1700~2270K)和运动零件的摩擦而产生大量的热量,使柴油零部件温度升高,特别是直接与高温气体接触的零件,若不及时和适当地冷却,将不能保证柴油机正常工作。冷却系的作用是保持柴油机在最适当的温度范围内工作。

(2)冷却方式。按所用冷却介质可分为风冷却系和水冷却系。水冷却系以水为主要成分的冷却介质,热量先由机件传给冷却液,依靠水的循环流动把热量带走而散发到大气中,散热后的冷却液重新流回到受热机件处。适当调节水路和冷却强度,便能保持柴油机的正常工作温度。此外,可用热水预热柴油机,便于其冬季起动。目前,多数工程机械柴油机采用水冷却方式;风冷却系是利用空气流动将高温零件的热量直接散入大气中,所以也称空气冷却系。

(3)柴油机温度异常的危害。柴油机冷却必须适度,冷却不足(柴油机过热)或过度冷却(柴油机过冷)都会给柴油机带来危害。

柴油机过热会降低充气效率,使柴油机功率下降;会破坏运动件的正常间隙,使运动阻滞、磨损加剧,甚至损坏;会使润滑油氧化变质、黏度下降、润滑条件恶化、运动零件的摩擦和磨损加剧,并使功率消耗增加;会使零件的力学性能(如刚度和强度)显著降低,导致其变形或损坏。

柴油机过冷会使汽缸内气体温度过低,不利于可燃混合气的形成和燃烧,使柴油机功率下降、运转不稳,柴油消耗量增加;会使燃烧生成物中的水蒸气和硫化物在低温下易凝结成酸类,造成零件腐蚀;会使未气化的柴油洗刷汽缸壁、活塞、活塞环等上的油膜,使零件磨损加剧;会使润滑油黏度增大,运动件之间摩擦阻力增加,从而使柴油机功率损失增大。

(4)水冷却系的组成及水循环路线。目前,在工程机械柴油机上应用最普遍的是强制循环式水冷却系,如图1-35所示。它由水泵、节温器、散热器、风扇等组成。水泵通过水管从散热器底部吸入低温冷却液,使冷却液在柴油机缸体和缸盖的水道中流动,冷却液吸收热量后经出水管又流回散热器。风扇使空气高速流过散热器,以加快散热器中冷却液的热量散发到空气中的速度。

柴油机的冷却液循环路线如图1-36所示,柴油机温度较低时(低于83℃左右,不同柴油机此数据有差异),主阀门关闭,如图1-36a)所示,旁通阀门开放,冷却液只能经小循环水管直接流回水泵的进水口,然后又被水泵压入分水管进入水套。此时,冷却液不流经散热器,称小循环。冷却液流动路线是:节温器→旁通管→水泵→分水管→缸体水套缸盖水盖→节温器。

当柴油机内冷却液温度升高到某一温度(95℃左右不同柴油机此数据有差异),主阀门全开,如图1-36b)所示,旁通阀门关闭,冷却液经出水管全部流进散热器。此时,冷却强度增大,使冷却液温度不致过高,由于这时的冷却液流动路线长因而称为大循环,如图1-36c)所示。冷却液流动路线是:散热器→水泵→分水管→缸体水套→缸盖水套→节温器→散热器。

当柴油机内冷却液处于上述两种温度之间时,主阀门和旁通阀均部分开放,冷却液的大小循环同时存在,此时冷却液的循环称为混合循环如图1-36c)所示。

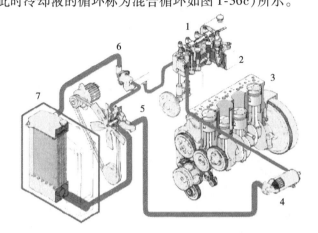

图1-35　强制循环式水冷却系
1-汽缸盖;2-水室;3-汽缸体;4-油冷器;5-水泵;6-恒温器;7-散热器

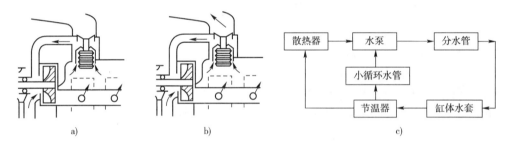

图1-36　节温器动作及冷却液循环路线
a)小循环;b)大循环;c)混合循环

柴油机中的冷却液就是这样周而复始地在柴油机中流动,从而带走柴油机的热量,最终将这些热量散发到大气中去,以保证柴油机正常运转。

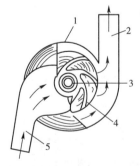

图1-37　离心式水泵工作原理图
1-壳体;2-出水管;3-水泵轴;4-叶轮;5-进水管

(5)水泵。离心式水泵具有尺寸小、出水量大、结构简单等特点,为强制循环式水冷却系所普遍采用,其工作原理如图1-37所示。当叶轮旋转时,水泵中的冷却液被叶轮带动一起旋转,在离心力的作用下向叶轮边沿甩出,在涡形壳体内将动能变为压能,经与叶轮成切线方向的出水口压入汽缸体的水套。与此同时,叶轮中心处造成一定的负压而将冷却液从进水口吸入。

(6)冷却风扇。风扇多为轴流式,与水泵同轴旋转,用来提高流经散热器的空气流速和流量,以增强散热器的散热能力。图1-38为几种常见的风扇形式。

(7)散热器。散热器的作用是将水套中出来的热冷却液,分成许多小股,使其与散热器水管的接触面积加大,便于热量传给冷却管(图1-39)和冷却管外面的散热片,再通过它们将热量散发到周围的空气,使冷却液的温度降低。散热器俗称水箱,其上部是进水室(又称上水室),装有散热器盖和加水口。当冷却液沸腾时,水蒸气即可从加水口盖的压力阀排出,进水室经进水口用橡胶软管与汽缸盖的出水管相连。

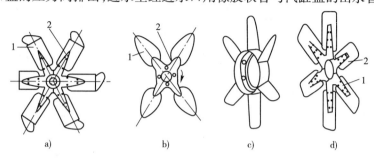

图 1-38 风扇形式
a)叶尖前弯的风扇;b)尖窄根宽的风扇;c)尼龙压铸整体风扇;d)直喷形风扇
1-叶片;2-连接板

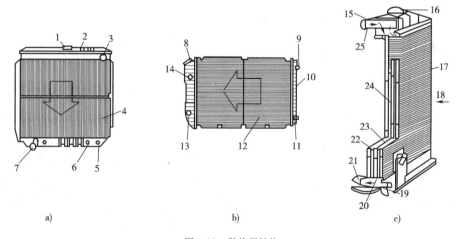

图 1-39 散热器结构
a)纵流式散热器;b)横流式散热器;c)散热器局部剖切
1、8、16-散热器盖;2、10、15-进水室;3、9、15、25-进水口;4-散热器芯;5、11、19-放水阀;6、20-出水室;7、13、21-出水口;8、14、16-散热器盖;12-散热器芯;17-肋片;18-空气;22-内部水道;23-横隔板;24-芯部

(8)节温器。节温器的作用是随柴油机负荷和冷却液温度的大小改变冷却液的循环强度(路线和流量)。同时,能缩短柴油机的热起动时间,减少柴油机的功率消耗和零部件的磨损。

根据节温器内部的感应材料,节温器分乙醚皱纹筒式和蜡式两种。蜡式节温器具有对水冷却系内的工作压力不敏感、工作性能稳定可靠、对液流阻力小、使用寿命长等优点,目前在柴油机上应用最为广泛。

七、起动系

1. 起动系的作用

使柴油机由静止状态过渡到运转状态,必须先用外力转动柴油机的曲轴,使汽缸内形成可燃混合气并燃烧膨胀,工作循环才能自动进行。曲轴在外力作用下开始转动到柴油机自动急速运转的全过程,称为柴油机的起动。

由于柴油机的压缩比大,因而起动转矩较大,显然柴油机所需的起动功率也比较大。

2. 电起动系的基本组成及工作原理

电起动系主要由蓄电池、起动机、起动继电器、起动开关、低温起动预热装置等组成(图1-40)。

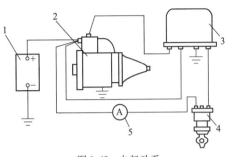

图1-40 电起动系
1-蓄电池;2-起动机;3-起动继电器;4-起动开关;
5-电流表

当起动开关4置于起动"Start"时,首先接通起动控制电路,电磁开关闭合,蓄电池电流经电磁开关流入起动机,并使其转动。同时,电磁开关还将驱动齿轮向外推出,与柴油机飞轮上的起动齿圈相啮合,带动曲轴转动。当柴油机完成着火并加速运转后,飞轮反过来带动起动齿轮运转的趋势时,起动机上的单向离合器使起动机的驱动齿轮相对于起动机电枢轴空转(以保护起动机)。司机及时将起动开关转到起动挡"IG",切断起动机控制电路,驱动齿轮退回,起动机停止运转。

八、柴油机油的选择和使用

1. 柴油机油的选择

柴油机油的选择合理,柴油机的动力性、经济性以及使用寿命会得到保证;反之,不但不能满足柴油机使用性能的要求,而且还会造成柴油机过早损坏。因此,正确选择润滑油是非常重要的。

(1)质量等级选择的原则:根据柴油机制造商的推荐、柴油机的机械负荷和热负荷、工作条件的恶劣程度、柴油性质等来确定。

①根据柴油机制造商推荐选择。工程机械制造商在产品出厂时都会对柴油机润滑油的使用做严格试验,并会在出厂说明书中推荐选用的柴油机油。这应该是机油选择的首要依据,但这仅仅是选油的一般原则,因为还必须考虑润滑油的使用工况。在使用工况特别恶劣时,用油等级也应提高。

②根据柴油机的机械负荷和热负荷选择。柴油机的机械负荷和热负荷也是选择机油的重要根据。如根据柴油机强化系数选择柴油机油质量等级。

柴油机的热负荷和机械负荷是影响润滑油质量变化的主要因素,柴油机负荷越大,工作温度也越高,工作强度越剧烈,要求使用柴油机油的质量等级也越高。

选择柴油机油的质量等级时,可按柴油机的强化系数 k_φ 来决定,强化系数 k_φ 的数值为柴油机的平均有效压力 P_e(0.1MPa)、活塞平均速度 C_m(m/s)及行程系数 Z(四冲程 $Z=0.5$,二冲程 $Z=1$)的乘积,即 $K_\varphi = P_e C_m Z$。柴油机强化系数代表了柴油机的热负荷和机械负荷,其选择见表1-1。

强化系数与选择柴油机的关系   表1-1

强化系数 K_φ	选择柴油机油的质量等级	强化系数 K_φ	选择柴油机油的质量等级
<50	CD	>80	CE、CF-4
50~80	CD		

③根据柴油的质量选择。柴油的质量对柴机油的使用影响很大。柴油质量差、含硫量高,对柴油机油的质量要求就严格。一般来说,柴油中含硫量大于0.5%(质量分数)时,应选用质量高一个等级的润滑油。

④根据特殊使用条件选择。选用柴油机油的质量等级时,若柴油机工作条件恶劣,应将用油质量等级酌情提高一级或适当缩短换油期。恶劣工况有:

a. 少于16km的短行程行驶。

b. 长时间在高温、高速下工作,尤其是满载长距离行驶。

c. 在寒冷的气候下行驶。

d. 开开停停的行驶。

e. 2t以上的牵引车,满载、长距离行驶(带拖挂)。

f. 在灰尘严重的场所。

(2)柴油机油黏度等级的选择。黏度是柴油机油的重要指标,确定柴油机油的质量等级后选择合适的黏度就显得更为重要。黏度过大或过小都会引起能源浪费、磨损增加或其他润滑故障。柴油机油的黏度牌号的选择原则有:

①根据柴油机工作的环境温度选择。由于单级油不能同时满足高温和低温条件下的工作要求,因此应根据当地的气温条件进行合理选择。多级油适用的温度范围虽宽,但不同的黏度等级的多级油其低温黏度及泵送性也有区别,适用的气候条件也不尽相同,也应正确选择。

寒冷地区冬季选用黏度小、倾点低的单级或多级柴油机油,一般在寒区或严寒区为保证冬季顺利起动,应选用多级油。如我国东北地区,可选用10W/30、5W/30等机油;夏季或全年气温高的地区选用黏度适当高些的柴油机油,如海南省等地,可选用30、40、50等机油。柴油机油黏度等级的选择见表1-2。

柴油机油黏度等级选择表 表1-2

黏 度 等 级	适用环境气温(℃)	黏 度 等 级	适用环境气温(℃)
5W	-30~-10	15W/40	-20~40
5W/20	-30~25	20/20W	-15~25
5W/30	-25~30	20	-10~30
10W	-25~-5	30	-5~30
10W/30	-25~30	40	10~50

②根据负荷和转速选择。负荷高,转速低,如大型推土机、起重机等的柴油机,一般选用黏度大的柴油机油;载荷低、转速高,一般选用低黏度柴油机油。

③根据柴油机的磨损状况选择。新柴油机应该选择黏度较小的机油(考虑节能),而磨损较大(摩擦面间隙增大)的柴油机则应该选择黏度较大的机油(考虑密封)。

2. 柴油机油的使用

随着工程机械的发展、技术含量的逐步提高,对柴油机油提出了越来越高的要求。而柴油机油是润滑油中消耗量最大,并且品种规格要求繁多、工作条件恶劣的一种油品。因此,分析柴油机油的正确使用具有十分重要的实际意义。

柴油机油在使用中应该注意以下几个问题:

(1)油品的新旧规格有变动。工程机械上配置的柴油机,其润滑油的选用,使用说明书上一般都有明确规定。但不同时期生产的柴油机,由于引用的油品规格标准不同,选用时应注意新旧油品的对照,以免误用。

(2)正确选择柴油机油的质量等级。选择柴油机油质量等级时,应在满足质量要求情况下选择低质量等级的柴油机油以降低使用成本。一般说来,高质量等级的油可代替低质量等级的油,但过多降级使用则不合算。绝不能用低质量等级的油去代替高质量等级的油,否则会导致柴油机出现故障甚至损坏。

(3)使用低黏度柴油机油。应在保证活塞环密封良好,机件磨损正常的条件下适当选择低黏度的柴油机油。因为高黏度机油的低温起动性和泵送性差,起动后供油慢、磨损大、柴油消耗增加,机油循环速度慢、润滑和冷却作用差。

(4)优先使用多级油。在保证润滑的前提下应优先使用多级油,如15W/40可在我国黄河以南地区四季通用。多级油的特点在于其突出的高、低温性能,即低温起动时机油能迅速流到零件的摩擦部位,保护零部件免遭磨损;在高温时它具有比单级油更高的黏度,从而使机油在摩擦时保持足够的黏度,保证良好润滑。因此,多级油可冬夏通用,既可减少季节性换油,又可降低柴油机摩擦阻力,减少柴油消耗,节约能源。

(5)保持曲轴箱的油面正常和良好通风。油面过低时易使柴油机油氧化变质,严重时因缺油而使机件损坏;相反,油面过高,机油会从汽缸和活塞的间隙进入燃烧室,破坏柴油的正常燃烧,又增加机油消耗,并且使活塞上的积炭增多。机油标尺上有油面的上限和下限标记,测量油面时应将工程机械停在平坦的地面上,先把油尺上的机油擦净,然后将机油标尺插到底,抽出机油标尺,其上机油应在刻线 1/2~1 之间。

曲轴箱通风装置 PCV 阀因易沉积油泥而堵塞,造成曲轴箱内压力过高,油气和废气逆向流入空气滤清器,污染滤芯,同时增加对曲轴箱内机油的污染。在使用中要加强曲轴箱通风,保持柴油机正常温度,防止机油加速氧化。

(6)保持空气滤清器和机油滤清器清洁。空气滤清器要经常保持清洁,并及时更换滤芯。如果空气滤清器堵塞,会因空气进气量不足,导致柴油燃烧不完全、污染物窜入曲轴箱,使机油的污染加剧。

机油从机油滤清器的细孔通过时,把油中的固体颗粒和黏稠物积存在滤清器中,如果机油粗滤器堵塞,则机油通过旁通阀后仍会把污物带到润滑点,促使机件磨损和机油的污染加剧。因此,应该保持空气滤清器和机油滤清器清洁,并及时更换滤芯,保持机油清洁。

(7)严防水分混入。柴油机油中都加有数种添加剂,这些添加剂有的是良好的乳化剂。水分混入后会使油品乳化变质,不能使用,故一定要防止水分混入。

(8)换油一般在热车状态下进行且应将废油放净。此时,机油温度高、黏度小,容易从放油孔里流出,并且机油中劣化物悬浮、分散,易和机油一起排出柴油机。

为了延长柴油机和柴油机油的使用寿命,在换油时要将旧油放净,以免污染新加入的润滑油,造成迅速变质,引起对柴油机的腐蚀性磨损并缩短机油的使用周期。

(9)柴油机不能用汽油机油代用,如果把汽油机油用于柴油机上,会很难满足柴油机的使用要求,容易损坏柴油机。

(10)使用同一厂家的机油。不同厂家的机油,即使是同一级别牌号,其性能也可能有差别,最好不要混用。

(11)柴油机油的更换。润滑油在使用过程中,由于温度、空气以及金属催化等作用而不断被氧化,机油中积聚了污染物或油品本身发生化学变化,致使其不能继续使用而必须更换,以避免对柴油机造成损坏。因此,要做到以下几点:

①按质换油。对于早期没加清净分散剂的润滑油来说,使用中颜色变黑是润滑油已严重变质的表现。但现代工程机械柴油机使用的润滑油一般都加有清净分散剂,目的是将黏附在活塞上的漆膜和黑色的积炭洗涤下来并悬浮在油中,减少柴油机高温沉积物的生成,故润滑油使用一段时间后颜色容易变黑,但这时润滑油并未变质。使用中的润滑油是否严重变质、是否需要更换,应主要根据润滑油的理化指标是否达到报废标准来判定。确定换油周期时不应以润滑油颜色变黑作为依据。比较合理的换油方法是按质换油,即根据在用润滑油的某些指标(黏度、闪点、水分、不溶物、铁含量、中和值)变化程度来确定换油周期。这样不仅可及时更换不适用的机油,更为重要的是能够发现柴油机的隐患,提前采取措施予以消除,从而避免造成重大损失。

《柴油机油换油指标》(GB/T 7607—2010),见表1-3。机油经取样化验,达到标准中任何一项指标时即应更换机油。

《柴油机油换油指标》(GB/T 7607—2010)　　　　表1-3

项　　目	指　　标	项　　目	指　　标
100℃运动黏度变化率(%)	超过±25	铁含量(mg/kg)	200(CC),150(CD)
$\varphi_{(水)}$(%)	大于0.2	$\varphi_{(正戊烷不溶物)}$(%)	大于3
闪点(开口)℃	低于180(单级),160(多级)	碱值(mgKOH/g)	低于新油的50%
酸值(mgKOH/g)	大于2.0		

②定期换油。对工程机械柴油机油难以进行质量监测,但又要确保柴油机处于良好的工况状态,因此可采用工程机械生产厂家推荐的换油周期定期换油。这种做法虽然简便易行,但不能正确反映是否应该换油,容易造成资源浪费。

③规定换油周期同时控制机油的指标。在规定了柴油机更换机油周期的同时,也控制在用机油的某些理化指标,可以酌情变动换油时间。

合理使用柴油机油的关键是选择合理的换油周期,若换油周期过长会增加柴油机的磨损;反之,会造成润滑油的浪费。但就工程机械柴油机油而言,因每辆工程机械柴油机油用量较少,而目前油样化验费用高,采用定期换油较经济。

第二节　液压传动基础知识

一、概述

1. 液压传动的基本工作原理及特点

(1)液压传动基本的工作原理。任何一部机器都由3个部分组成,即动力装置、传动系统和工作机构。传动系统的基本功用是将动力装置的动力(能量)传递给工作机构。根据传动系统工作介质的不同,其传动形式可以分为机械传动、电力传动、流体传动等。以液体为工作介质进行能量传递,称为液体传动。液体传动按其基本工作原理,又可分为液压传动和液力传动。液压传动基于工程流体力学的帕斯卡原理,以液体的压力能为基本能量形式,有控制地进行能量的转换与传递。因液压传动是依靠动力元件的容积变化工作的,故又称为容积式液体传动。

液压传动由液压泵将原动机(电动机或内燃机)的机械能转变成流动液体的压力能,经控制、调节元件,由执行元件将液体的压力能转变为工作机构所需要的机械能输出,因此液压传动过程中伴随着两次能量转换。

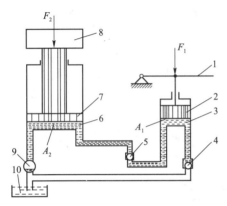

图 1-41 液压千斤顶的工作原理
1-杠杆;2-小活塞;3、6-液压缸;4、5-钢球;
7-大活塞;8-重物;9-截止阀;10-油池

图 1-41 为液压千斤顶的原理简图。图中大小两个液压缸 6 和 3 的内部分别装有活塞 7 和 2,活塞和缸体之间保持良好的配合关系,不仅活塞能在缸内滑动,而且配合面之间又能实现可靠的密封。当用手向上提起杠杆 1 时,小活塞 2 就被带动上升,于是小缸 3 的下腔密封容积增大,腔内油液压力下降,形成部分真空,这时钢球 5 将所在的通路关闭,油池 10 中的油液就在大气压力的作用下,推开钢球 4 并沿吸油孔道进入小缸的下腔,完成一次吸油动作。接着,压下杠杆 1,小活塞下移,小缸下腔的密封容积减小,腔内油液压力升高,这时钢球 4 关闭了油液流回油池的通路,小缸下腔的压力油就推开钢球 5 挤入大缸 6 的下腔,推动大活塞及重物 8(重力为 G)向上顶起一段距离。如此反复地提压杠杆 1,最后达到举起重物的目的。

若将截止阀 9 旋转 90°,则在物体 8 的自重作用下大缸中的油液流回油池,活塞下降到原位。

从此例可以看出,液压传动是依靠液体在密封容积变化中的压力能实现运动和动力传递的。液压传动装置本质上是一种能量转换装置,它先将机械能转换为便于输送的液压能,后又将液压能转换为机械能而做功。

(2)液压传动的工作特点。机械传动、电力传动、流体传动的不同工作原理,使它们不但在结构上有很大区别,并且各有其工作特点:

①能量传递元件上的负载作用力 F 与液体介质的压力 p 之间的关系,符合液体静力学原理。因此,对于图 1-41 中的液压泵(手动泵)和液压缸来说,存在以下关系:$F_1 = p_1 A_1$、$F_2 = p_2 A_2$。在用管道连通的容腔中,$p_1 = p_2 = p_0$。当结构尺寸 A_1 和 A_2 一定时,液压缸中的压力取决于举升重物负载所需要的作用力 F_2,而手动泵上的作用力 F_1 则取决于 p,所以被举升的物体越重,液体介质的压力越高,所需作用力 F_1 也就越大。反之,液压千斤顶空载(不计摩擦力)时,压力 p 以及使手动泵工作所需的力 F_1 都为零。液压传动动力学参数的这一特征可以简略地表为"压力取决于负载"。

②动力元件的运动速度 V 与液体介质的流量 Q 的关系,符合液流的连续性方程,即符合工作腔容积变化相等的规则。对于图 1-42 中的手动泵与液压缸来说,$Q_1 = V_1 A_1$、$Q_2 = V_2 A_2$。因活塞面积 A_1 和 A_2 已定,所以液压缸所带动的工作机构的运动速度 V_2 只取决于输入流量的

大小。输入流量 Q_2 越多,则运动速度 V_2 就越高。液压传动的这一特征可以简略地表述为"速度取决于流量"。

应该指出,上述两个特点是各自独立的,不管液压千斤顶的负载如何变化,只要供给的流量一定,则重物上升的速度就一定;同样,不管液压缸活塞的移动速度多大,只要负载一定,则推动负载所需的液体压力就不变。

2. 压力的表示方法和单位

按度量基准,液体压力分为绝对压力和相对压力两种。以绝对真空为基准来度量的,称为绝对压力;而超过大气压力的那部分压力 $p - p_a = \rho g h$,其值是以大气压力为基准来度量的,是相对压力。在地球的表面上,一切受大气笼罩的物体,大气压力的作用都是自相平衡的。因此,一般压力表在大气中的读数为零,用压力计(俗称压力表)测得的压力数值显然是相对压力。在液压传动技术的使用中,如不特别指明,压力均指相对压力。

如果液体中某点的绝对压力小于大气压力,这时比大气压力小的那部分数值叫做真空度。以大气压力为基准计算压力时,基准以上的正值是相对压力,基准以下的负值就是真空度。例如,当液体内某点的绝对压力为 $0.3 \times 10^5 \mathrm{Pa}$ 时,其相对压力为 $p - p_a = 0.3 \times 10^5 \mathrm{Pa} - 1 \times 10^5 \mathrm{Pa} = -0.7 \times 10^5 \mathrm{Pa}$,即该点的真空度为 $0.7 \times 10^5 \mathrm{Pa}$(这里取近似值 $p_a = 1 \times 10^5 \mathrm{Pa}$)。压力的单位除法定计量单位 Pa(帕,$\mathrm{N/m^2}$)外,还有以前沿用的一些单位,如 bar(巴)、工程大气压 at(即 $\mathrm{kgf/cm^2}$)、标准大气压 atm、水柱高($\mathrm{mmH_2O}$)或汞柱高(mmHg)等(现已废止)。为便于单位换算,各种压力单位之间的换算关系见表 1-4。

各种压力单位的换算关系　　　　　　　　　　表 1-4

Pa	bar	kgf/cm²	at	atm	mmH₂O	mmHg
1×10^5	1	1.07972	1.07972	0.986923	1.01972×10^4	7.50062×10^2

另有,1MPa = 1000kPa = 1000000Pa。

3. 液压传动系统的组成及特点

无论是复杂的或是简单的液压传动系统,从结构角度来看,均由动力元件(即液压泵,它将原动机的机械能转变为流动液体的压力能)、执行元件(包括液压缸与液压马达等元件,将液体的压力能转变为机械能输出,驱动负载做功)、控制元件(即液压阀,其作用是控制、调节液压传动系统中油液的压力、流量,以及各油口的通断关系即油液流动方向等,以满足工作机构的工作要求。按功能,常用的控制元件包括压力控制阀、流量控制阀和方向控制阀)、辅助元件(如油管、管接头、液压油箱、滤油器、蓄能器、密封件等)和工作介质(一般为液压油)组成。

(1)液压传动的主要优点。

①可方便地实现无级调速,且调速范围大。液压传动的调速范围可达 2000:1;柱塞式液压马达的最低稳定转速为 1r/min。

②易于实现直线往复运动,以直接驱动工作装置;各液压元件间可用管路连接,故安装位置便于机械的总体布局。

③能容量大,即较小质量和尺寸的液压元件可传递较大的功率。例如,液压泵与同功率的电动机相比,外形尺寸为后者的 12%~13%,质量为后者的 10%~12%,使整个机械的质量大大减轻。

④易于实现安全保护,比机械传动操作简便、省力,所以液压传动系统的惯量小、起动快、工作平稳,易于实现快速而无冲击的变速与换向,应用在工程机械上可减少变速时的功率损失。

⑤液压传动的工作介质本身就是润滑油,使各液压元件自行润滑,因而延长了使用寿命。

⑥液压元件易于实现标准化、系列化、通用化,便于大批量生产、提高生产率、提高产品质量和降低成本。

⑦与电、气配合,可成为性能好、自动化程度高的传动及控制系统。

(2)液压传动的主要缺点。

①液压油的泄漏难以避免,外漏会污染环境并造成液压油的浪费;内漏会降低传动效率,并影响传动的平稳性和准确性,因而液压传动不适用于严格定比传动的场合。

②液压油的黏度随温度而变化,从而影响传动机构的工作性能,因此在低温及高温条件下,均不宜采用液压传动。

③液压元件制造精度要求较高,因而价格较贵;使用和维修要求有较高的技术和一定的专业知识。

二、液压泵

1. 液压泵的基本性能参数

(1)液压泵的作用和分类。液压泵是液压传动系统中的能量转换装置:液压泵将原动机的机械能转换成工作液体的压力能,提供具有一定压力和流量的工作液体,属于液压传动系统的动力元件;液压传动中所用的液压泵是按照密封容积变化的原理进行工作的,所以通常又称为容积式液压泵。

液压泵的种类很多,装载机液压传动系统最常见的是齿轮式,有些高端装载机用到了柱塞式。

(2)液压泵的基本性能参数。液压泵的基本性能参数是体现其工作能力和工作质量的主要参数,它包括允许工作压力、转速、排量、流量以及工作效率等。

一般在液压泵的使用说明书中对其压力有两种规定:额定压力 p_B 和最大压力 p_{Bmax}。额定压力是指,液压泵在正常工作条件下,按试验标准规定的能够在长时间内连续运转的最高压力。这是从液压泵的强度、寿命、效率等使用因素考虑而规定的正常工作压力上限。最大压力是指,液压泵在短时间内超载运行所允许的极限压力。它通常由液压传动系统的安全阀即过载阀限定,安全阀的调定值不能超过液压泵的最大压力值。

液压泵的转速分为额定转速和最高转速两种,液压泵的额定转速是指液压泵在额定压力下能正常连续运转的最高速度。液压泵的最高转速是指工作速度的上限值,它受运动件磨损和寿命、气蚀条件的限制。如果液压泵的转速超过最高转速,就可能产生气蚀现象,使液压泵产生很大的振动和噪声,加速零件损坏,寿命显著降低。

排量是液压泵的一个重要结构参数,它是指液压泵旋转一周,其工作腔几何容积的变化量,排量的常用单位是毫升/转(mL/r)。液压泵的排量取决于液压泵的结构参数,它与液压泵的输出压力和转速无关,排量可调节的液压泵称为变量泵,不可调节的则称为定量泵。

流量 Q_B 是指液压泵在单位时间内输出液体的体积,常用单位为升/分钟(L/min)。液压泵的流量有理论流量和实际流量之分。理论流量等于液压泵的排量和额定转速的乘积。

液压泵的效率分为容积效率、机械效率和总效率。液压泵的功率损失除了容积损失、摩擦损失外,还有压力损失(即液压阻力损失),但压力损失较小,一般将压力损失和摩擦损失并在一起考虑,即机械效率中包含压力损失。

液压泵的自吸能力是指液压泵在额定转速下,从低于液压泵的开式液压油箱中自行吸油的能力。自吸能力用吸油高度或真空度表示。液压泵自吸能力的实质,是液压泵在工作时吸油腔形成局部真空,液压油箱中的液压油在大气压的作用下流入吸油腔。所以,液压泵吸油腔的真空度越大,则自吸能力越强,即吸油高度越高。由于受空穴和气蚀条件的限制,一般液压泵所允许的吸油高度不超过 500mm。

2. 齿轮泵

齿轮泵具有结构简单、体积小、质量轻、成本低、工作可靠、自吸性能好以及对油液的污染不敏感、维护方便等优点,因而被广泛地应用于各种液压传动机械上,特别是工程机械工作条件比较恶劣,选用齿轮泵比较适宜。但由于齿轮泵的流量和压力脉动较大、振动大、噪声高、排量不可改变,故应用范围受到了限制。目前,齿轮泵的最高工作压力可达 32MPa 甚至更高,随着结构和技术改进,其噪声已有很大降低,效率和寿命都有很大提高。

齿轮泵按啮合方式分为外啮合式和内啮合式两类,其中外啮合齿轮泵应用较广泛,并通常采用渐开线圆柱齿轮。如图 1-42 所示,在泵体内有一对齿数相同的外啮合渐开线齿轮。齿轮的两端皆由端盖罩住(图中未示出)。泵体、端盖和齿轮之间形成了密封容腔,并由两个齿轮的齿面接触线将左右两腔隔开,形成了吸、压油腔。当齿轮按图示方向旋转时,左侧吸油腔内的油液被轮齿陆续带到右侧压油腔内,随后排出压油腔。与此同时,左侧吸油腔内出现真空度,因此液压油箱内的油液在大气压力作用下连续地流进吸油腔。

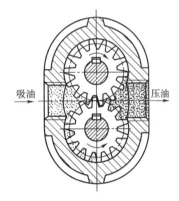

图 1-42 外啮合式齿轮泵的工作原理

3. 柱塞泵

柱塞泵是依靠柱塞在缸体内往复运动,使密封工作腔容积产生变化来实现吸油、压油的。由于柱塞与缸体内孔均为圆柱表面,因此加工方便,配合精度高,密封性能好,常做成高压泵。此外,只要改变柱塞的工作行程就能改变泵的排量,易于实现单向或双向变量。所以,柱塞泵具有压力高、结构紧凑、效率高及流量调节方便等优点。其缺点是结构较为复杂,有些零件对材料及加工工艺的要求较高,因而在各类容积式泵中,柱塞泵的价格最高。柱塞泵用于高压大流量的液压传动系统。

柱塞泵按柱塞排列方向,分为轴向柱塞泵和径向柱塞泵。轴向柱塞泵按其结构特点又分为直轴式(斜盘式)和斜轴式。装载机用到的柱塞泵一般为斜盘式轴向柱塞泵。

轴向柱塞泵的柱塞都平行于缸体的中心线,并均匀分布在缸体的圆周上。斜盘式轴向柱塞泵的工作原理如图 1-43 所示。该泵的传动轴中心线与缸体中心线重合,故又称为直轴式轴向柱塞泵。它主要由斜盘1、柱塞2、缸体3、配流盘4等组成。

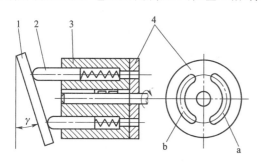

图1-43 斜盘式轴向柱塞泵的工作原理
1-斜盘;2-柱塞;3-缸体;4-配流盘

斜盘与缸体间倾斜了一个 γ 角。缸体由轴带动旋转,斜盘和配流盘固定不动。在底部弹簧的作用下,柱塞头部紧贴斜盘。于是,柱塞一方面会随缸体做旋转运动,另一方面会在缸体的柱塞孔内做往复直线运动。最终,各柱塞尾部与缸体柱塞孔间的密封腔容积便发生增大或缩小的变化,通过配流盘上的窗口 a 吸油,通过窗口 b 压油。如果改变斜盘倾角 γ 的大小,就能改变柱塞的行程长度,也就改变了泵的排量。如果改变斜盘倾角的方向,就能改变吸、压油方向,这时就成为双向变量轴向柱塞泵。

在柱塞泵中,缸体紧压配流盘端面的作用力,除弹簧的推力外,还有柱塞孔底部台阶面上所受的液压力,此液压力比弹簧力大得多,而且随泵的工作压力增大而增大。由于缸体始终受力紧压着配流盘,就使端面间隙得到了自动补偿,提高了泵的容积效率。

在变量轴向柱塞泵中设有专门的变量机构,用来改变斜盘倾角 γ 的大小以调节泵的排量。轴向柱塞泵的变量方式有多种,其变量机构的结构形式也多种多样。

三、液压缸

液压缸也属于液压传动系统的执行元件,用于驱动工作机构做往复运动。液压缸结构简单,工作可靠,与杠杆、连杆、齿轮齿条、棘轮棘爪、凸轮等机构配合,能实现多种机械运动,故其应用比液压马达更为广泛。

液压缸按结构特点可分为活塞式、柱塞式、组合式和摆动式四类;按作用方式又可分为单作用式和双作用式两种。在单作用式液压缸中,压力油只供入液压缸的一腔,使缸实现单方向运动,反方向运动则依靠外力(弹力、重力或载荷等)来实现。在双作用式液压缸中,压力油则交替供入液压缸的两腔,实现正反两个方向的往复运动。

图1-44所示为双杆活塞式液压缸的工作原理。

活塞两侧均装有活塞杆。当两活塞杆直径相同(即有效工作面积相等)、供油压力和流量不变时,活塞(或缸体)在两个方向的运动速度和推力也都相等。

如图1-45a)所示,柱塞缸由缸筒1、柱塞2、导向套3、密封圈4和压盖5等零件组成。由于柱塞与导向套配合,以保证良好的导向,故可以不与缸筒接触,因而对缸筒内壁的精度要求很低,甚至可以不加工,工艺性好,成本低,特别适

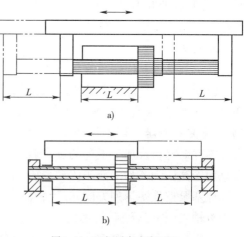

图1-44 双杆活塞式液压缸
a)缸体固定;b)活塞杆固定

用于行程较长的场合。

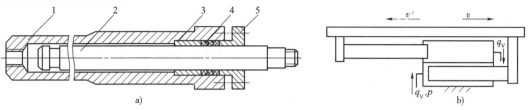

图 1-45　柱塞式液压缸
1-缸筒;2-柱塞;3-导向套;4-密封圈;5-压盖

柱塞端面是受压面,其面积大小决定了柱塞缸的输出速度和推力。柱塞工作时恒定受压,为保证压杆的稳定,柱塞必须有足够的刚度,故一般柱塞较粗,质量较大,水平安装时易产生单边磨损,故柱塞缸适宜于垂直安装使用。水平安装使用时,为减轻质量,有时制成空心柱塞。为防止柱塞自重下垂,通常要设置柱塞支撑套和托架。柱塞缸只能制成单作用缸。在大行程工程机械中,为了得到双向运动,柱塞缸常成对使用,如图 1-45b)所示。柱塞缸结构简单,制造容易,维修方便。

伸缩缸又称多级缸、组合式缸,它由两级或多级活塞缸套装而成,图 1-46 为其示意图。前一级活塞缸的活塞是后一级活塞缸的缸筒,伸缩缸逐个伸出时有效工作面积逐次减小,因此当输入流量相同时,外伸速度逐次增大;当负载恒定时,液压缸的工作压力逐次增高。空载缩回的顺序一般是从小活塞到大活塞,收缩后液压缸总长度较短,结构紧凑,适用于安装空间受到限制而行程要求很长的场合。例如,起重机伸缩臂液压缸、自卸汽车举升液压缸等。

齿条活塞缸由带有齿条的双活塞缸和齿轮齿条机构所组成,如图 1-47 所示。活塞的往复移动经齿轮齿条机构变成齿轮轴的往复转动。

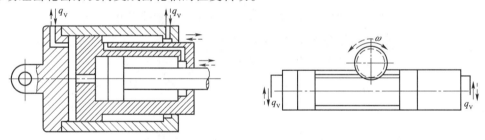

图 1-46　伸缩缸　　　　　　　　图 1-47　齿条活塞缸

摆动式液压缸结构分为单叶片式如图 1-48a)所示和双叶片式如图 1-48b)所示两种。单叶片式摆动缸最大摆幅可达 300°,转速较高,但输出转矩较小。双叶片式摆动缸最大摆幅不超过 150°,转速较慢,但输出转矩较大。摆动式液压缸能直接输出,故可称为摆动液压马达,它适用于半回转式(小于 360°)机械的回转机构。

装载机常用活塞式液压缸作为液压系统的执行元件。

活塞式液压缸可分为单杆式和双杆式两种结构,其固定方式有缸体固定和活塞杆固定两种。

图 1-49 为装载机常用的双作用单杆活塞式液压缸,它由缸底 2、缸筒 11、缸盖 15、活塞 8

和活塞杆 12 等组成。

缸筒一端与缸底焊接,另一端与缸盖采用螺纹连接,以便拆装检修,两端设有油口 A 和 B。利用卡键帽 4 和挡圈 3 使活塞与活塞杆构成卡键连接,结构紧凑,并便于拆装。为了避免活塞直接与缸筒内壁发生摩擦而造成拉缸事故,活塞上套有支撑环 9,它通常是由聚四氟乙烯或尼龙等耐磨材料制成(但不起密封作用)。缸内两腔之间的密封是靠活塞内孔的 O 形密封圈 10、外缘两个相背安置的两个小 Y 形密封圈 6 和挡圈 7 来保证。

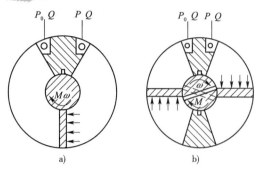

图 1-48 摆动式液压缸示意图
a)单叶片式;b)双叶片式

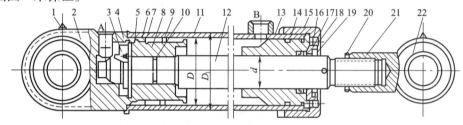

图 1-49 单杆活塞式液压缸
1-油嘴;2-缸底;3、7、17-挡圈;4-卡键帽;5-卡键;6、10、14、16-密封圈;8-活塞;9-支撑环;11-缸筒;12-活塞杆;13-导向套;15-缸盖;18-螺钉;19-防尘圈;20-锁紧螺母;21-耳环;22-销轴孔

销轴孔必须保证液压缸为中心受压,以保证活塞杆不受弯矩作用,工程机械用液压缸耳环内一般装有关节轴承。销轴孔由油嘴供给润滑油。此外,为了减轻活塞在行程终了时对缸底或缸盖的撞击,两端设有缝隙节流缓冲装置。当活塞快速运行临近缸底时,活塞杆端部的缓冲柱塞将回油口堵住,迫使剩余油液只能从柱塞周围的缝隙挤出,于是活塞运行速度迅速减慢,实现缓冲。回程也以同样原理获得缓冲。

常见的缸体组件的连接形式,如图 1-50 所示。

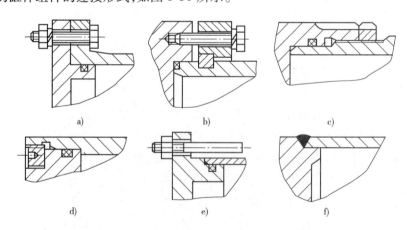

图 1-50 缸体组件的连接形式
a)法兰式;b)半环式;c)外螺纹式;d)内螺纹式;e)拉杆式;f)焊接式

缸筒是液压缸的主体,它与端盖、活塞等零件构成密闭的容腔,承受油压,因此要有足够的强度和刚度,以便抵抗液压力和其他外力的作用。缸筒内孔一般要求表面粗糙度 R_a 值为 $0.1\sim0.4\mu m$,以使活塞及其密封件、支撑件能顺利滑动和保证密封效果,减少磨损。

端盖装在缸筒两端,同样承受很大的液压力,因此它们及其连接部件都应有足够的强度。

导向套对活塞杆或柱塞起导向和支撑作用。有些液压缸不设导向套,直接用端盖孔导向,这种结构简单,但磨损后必须更换端盖。

活塞组件由活塞、活塞杆和连接件等组成。整体式连接和焊接式连接结构简单,轴向尺寸紧凑,但损坏后需整体更换。锥销式连接加工容易,装配简单,但承载能力小,且需要必要的防止脱落措施。螺纹式连接结构简单,装拆方便,但一般需备有螺母防松装置。半环式连接强度高,但结构复杂。在轻载情况下可采用锥销式连接;一般使用螺纹式连接;高压和振动较大时多用半环式连接;对活塞和活塞杆比值 D/d 较小、行程较短或尺寸不大的液压缸,其活塞与活塞杆可采用整体或焊接式连接。

液压缸因为是依靠密闭容积的变化来传递动力和速度的,故密封装置的优劣将直接影响液压缸的工作性能。根据两个需要密封的耦合面间有无相对运动,可把密封分为动密封和静密封两大类。设计或选用密封装置的基本要求是:具有良好的密封性能,并随着压力的增加能自动提高其密封性能;摩擦阻力小;密封件耐油性、抗腐蚀性好;耐磨性好、使用寿命长;使用的温度范围广;结构简单,装拆方便。

四、液压控制阀

1. 概述

(1)液压控制阀的分类。液压控制阀(简称液压阀)在液压传动系统中的功用是通过控制或调节液压传动系统中油液的流向、压力和流量,使执行元件及其驱动的工作机构获得所需的运动方向、推力(转矩)及运动速度(转速)等。任何一个液压传动系统,不论其如何简单,都不能缺少液压阀。液压阀是液压传动技术使用中品种与规格最多、应用最广泛的元件;液压传动系统能否按照既定要求正常可靠地运行,在很大程度上取决于各种液压阀的性能优劣及参数匹配是否合理。

液压控制阀的一般分类,见表1-5。

(2)液压阀的性能参数。额定工作状态下的公称压力和公称流量(或者表征液压阀进出油口名义尺寸的公称通径)是适用于任何液压阀的基本性能参数,这些参数均应符合国家有关标准。

液压阀按基本参数所确定的名义压力,称为公称压力(又称额定压力),用 P_R 表示。公称压力可以理解为压力级别的含义。通常,液压传动系统的工作压力不大于阀的公称压力则是比较安全的。我国液压传动系统与液压元件的压力(工作压力、公称压力等)的法定计量单位为帕斯卡(Pa),并应符合《流体传动系统及元件 公称压力系列》(GB 2346—2003)规定的压力系列。

液压阀的规格有两种表示方法,其一是公称流量,即液压阀在额定工况下通过的名义流量(又称额定流量),用 Q_g 表示。公称压力主要用于表示中低压液压阀的规格;其二是公称通径,即液压阀液流进出口的名义尺寸(并非进出口的实际尺寸),用 D_g 表示。公称通径包含阀的主油口的名义尺寸、体积大小和安装面的尺寸 3 层意义,主要用于表示高压液压阀的规格。

液压控制阀的分类表　　　　　　　　　　　　　　　　　表 1-5

分类方法	种类	详细分类及说明	
按功能	压力控制阀	溢流阀、减压阀、顺序阀、卸荷阀、平衡阀、电液比例压力控制阀、缓冲阀、限压切断阀等	
	流量控制阀	节流阀、止回节流阀、调速阀、分流阀、集流阀、分流集流阀、电液比例流量控制阀等	
	方向控制阀	止回阀、液控止回阀、换向阀、行程减速阀、充液阀、梭阀、电液比例方向控制阀	
按驱动装置	机械操纵阀	用挡块及碰块、弹簧等控制	适合自动化程度要求高或控制性能有特殊要求的液压传动系统使用
	电动操纵阀	用普通电磁铁、比例电磁铁、伺服电机和步进电机等控制	
	液动操纵阀	利用液体压力所产生的作用力进行控制	
	电液动操纵阀	利用电动和液动的组合控制方式	
	气动操纵阀	利用压缩空气所产生的作用力进行控制	

我国液压阀公称通径的常用法定计量单位采用 mm。在各制造厂商的产品说明书中通径,一般用公制(mm)或英制(in)两种形式表示。

(3)液压阀的结构特点和性能要求。尽管各类液压阀的作用不同,但在结构原理上均具有如下共同点:在结构上均由阀体、阀芯和操纵机构或复位机构组成;只要液体经过阀孔,均会产生压力下降和温度升高等现象;通过阀体的流量与通流截面积及阀孔前后压力差有关;产生动作的动力装置,除手动外,多采用机动、电动、液动、气动或组成联动,如电液联动等。

液压控制阀只是用来满足执行元件提出的压力、速度、换向、停止等要求,因而在性能上的共同要求是:动作灵敏、工作可靠,冲击振动及噪声要小;油液经过液压阀后的压力损失要小,效率要高;密封性能好,内泄漏要小,额定工作压力下应无外泄漏;结构简单、紧凑,体积小,节能性好,通用性高;制造方便,寿命长,价格低廉。

2. 方向控制阀

(1)功用及分类。方向控制阀的功用是控制液压传动系统中液流方向,以满足执行元件起动、停止及运动方向变换等要求。方向控制阀的一般分类,如图 1-51 所示。

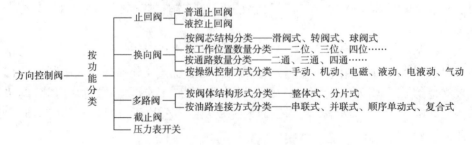

图 1-51　方向控制阀的分类

(2)止回阀。止回阀在液压传动系统中用来控制液流单方向流动,常用的止回阀有普通止回阀和液控止回阀两类，装载机用到普通止回阀。

普通止回阀在液压传动系统中的作用是只允许液流沿管道一个方向通过，另一个方向的流动则被截止。按阀芯形状，普通止回阀分为球阀式和锥阀式两种。现以锥阀式为例，说明普通止回阀的工作原理。当液流从 A 腔方向流入时，A 腔的液压力克服作用在阀芯 2 上的 B 腔压力油所产生的液压力、弹簧 3 的作用力、阀芯 2 与阀体 1 之间的摩擦阻力，顶开阀芯，油液从 A 腔流向 B 腔，实现正向流动，如图 1-52 所示。当压力油从 B 腔流入时，在 B 腔液体压力与弹簧力共同作用下，使阀芯紧紧压在阀体的阀座上，液体流动被切断，实现反向截止。

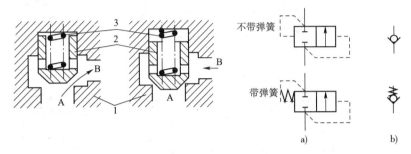

图 1-52　普通止回阀工作原理及液压图形符号
a）详细图形符号；b）简化图形符号
1-阀体；2-阀芯；3-弹簧

(3) 换向阀。换向阀利用阀芯相对于阀体的相对运动，实现油路的通、断或改变液流的方向，从而实现液压传动系统中的执行元件的起动、停止或运动方向的变换。

图 1-53a) 是滑阀式换向阀的工作原理，其中阀体 1 与阀芯 2 为滑阀式换向阀的结构主体。阀体中间有一个圆柱形孔（简称阀体孔），圆柱形阀芯可在该孔内轴向滑动。阀体孔里面有环形沉割槽，每一个沉割槽与阀体底面上所开的相应主油口（P、A、B、T）相通。阀芯上同样也有若干个环形槽，阀芯环形槽之间的凸肩（俗称台肩）将沉割槽遮盖（封油）时，此槽所通油路（口）即被切断。

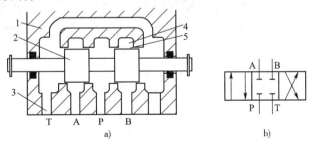

图 1-53　滑阀式换向阀的工作原理与图形符号
a）工作原理；b）图形符号
1-阀体；2-阀芯；3-主油口（通口）；4-沉割槽；5-台肩

该滑阀式换向阀的图形符号见图 1-53b)，它由相互连接的几个长方形构成。每一个长方形代表换向阀的一个工作位置，而长方形中的箭头表示阀所控制的液流方向及油路之间的连接情况，短横线表示油路封闭。整个长方形两端的符号则表示阀的操纵驱动机构及定位方式。英文字母 P、A、B、T 等分别表示主油口与液压传动系统相连接的油路名称，例如，通常 P 表示接液压泵或压力源,A 和 B 分别表示接执行元件的进口和出口,T 表示接液压油箱。阀芯可能实现的工作位置数目,称为换向阀的位数。

换向阀的主油路通路数(不含控制油路和泄油路的通路数),称为阀的通路数。例如,图 1-53 所示的换向阀的位数为三,通路数为四,所以这是一个三位四通换向阀。表 1-6 列出了几种滑阀式换向阀常见的主体部分结构形式。

滑阀式换向阀一些常见的主体部分结构形式　　　　表 1-6

名　称	原　理　图	图形符号
二位二通阀	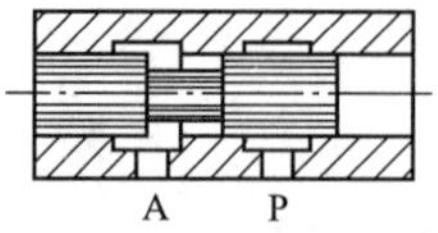	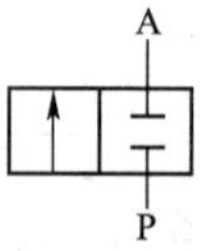
二位三通阀	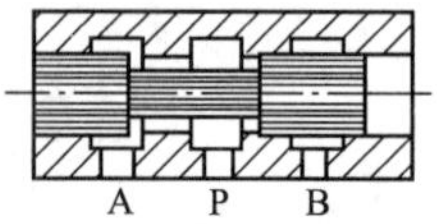	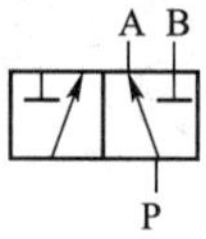
二位四通阀	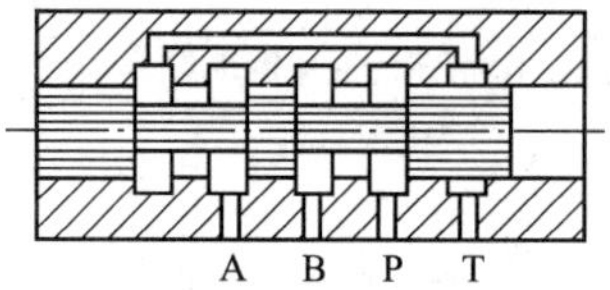	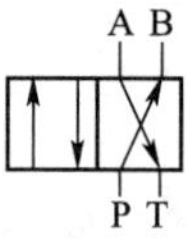
三位四通阀	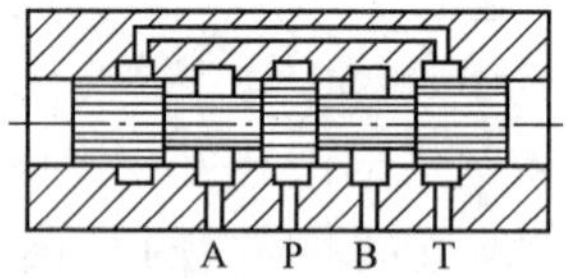	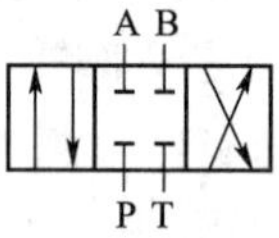
二位五通阀	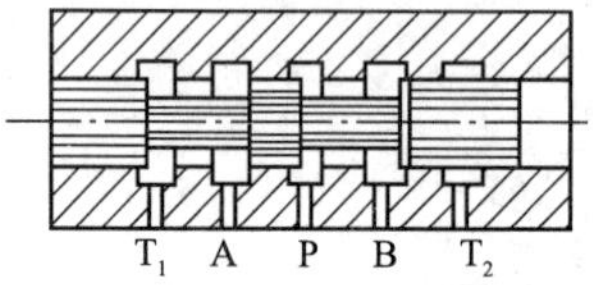	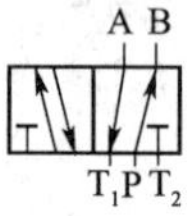
三位五通阀	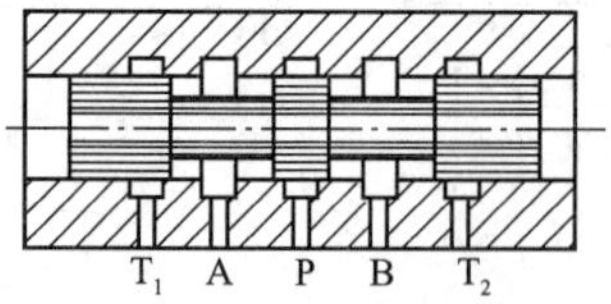	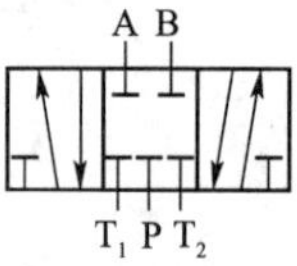

滑阀式换向阀可用不同的操纵控制方式进行换向,手动、机动、电磁、液动、电液动、气动等是常用的操纵控制方式。

手动换向阀是依靠手动杠杆驱动阀芯运动而实现换向的。按操纵阀芯换向后的定位方式有钢球定位式和弹簧自动复位式两种。

图 1-54 是钢球定位式三位四通手动换向阀。当手柄 10 处于图示中位时,油口 P、T、A、B 互不相通。当向右推动手柄时,阀芯 2 向左运动,使 P 与 A 相通,而 B 与 T 相通。若向左

推动手柄,阀芯向右运动,则 P 与 B 相通,而 A 与 T 相通。阀芯的这三个位置依靠钢球 12 定位。定位套 5 上开有 3 条定位槽,槽的间距即为阀芯的行程。当阀芯移动到位后,定位钢球 12 就卡在相应的定位槽中,此时,即便松开手柄即去除了手柄上的操作力,阀芯仍能保持在工作位置上。

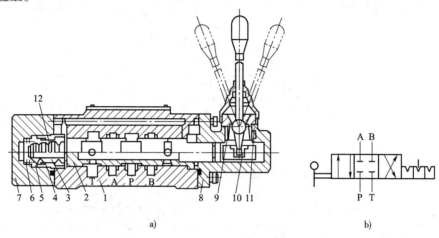

图 1-54 三位四通手动换向阀(钢球定位式)
a)结构原理;b)图形符号
1-阀体;2-阀芯;3-球座;4-护球圈;5-定位套;6-弹簧;7-后盖;8-前盖;9-螺套;10-手柄;11-防尘套;12-钢球

机动换向阀因常用于控制机械设备的行程,故又称为行程阀。它借助主机运动部件上可以调整的凸轮或活动挡块的驱动力,自动周期地压下或(依靠弹簧)抬起装在滑阀阀芯端部的滚轮,从而改变阀芯在阀体中的相对位置,实现换向。机动换向阀可以根据所控制行程的具体要求,安装在主机运动部件所经过的位置,并可进行调节。机动换向阀一般只有二位阀,即初始工作位置和一个换向工作位置。当挡铁或凸轮脱开阀芯端部的滚轮后,阀芯都是靠弹簧自动复位。它所控制的阀可以是二通、三通、四通、五通等。

图 1-55 为二位三通机动换向阀。图示位置由于弹簧 5 的作用,阀芯 2 处于上端位置,油口 P、B 相通,A 口封闭;当滚轮 4 压下时,阀芯移至下端,油口 P、A 相通,B 口封闭。

电磁换向阀简称电磁阀,它是借助电磁铁通电时产生的推力使阀芯在阀体内做相对运动实现换向。电磁阀的控制信号可以同按钮开关、行程开关、压力继电器等元件发出的信号直接控制,也可以同计算机、可编程序控制器(PLC)等控制装置发出的信号进行控制,使用相当广泛、方便。

图 1-56 是一个复位弹簧、干式电磁铁、外泄式的二位二通电磁换向阀。该阀的机能为常开式,即当电磁铁 9 不通电时(图示状态),阀芯 2 在右端复位弹簧 4 作用下处于左侧,此时,P 口与 A 口相通,油液可以

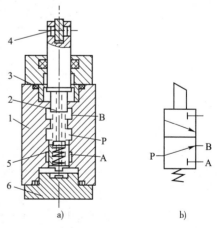

图 1-55 二位三通机动换向阀
a)结构原理;b)图形符号
1-阀体;2-阀芯;3-前盖;4-滚轮;5-弹簧;6-后盖

自由流动；反之，当电磁铁通电时，电磁铁推力经过推杆8将阀芯移至右侧，从而切断P与A的通路。该阀使用的是干式电磁铁，因此阀芯2与阀体1配合间隙泄漏到弹簧腔的油液，必须单独通过泄油口L和外接油管流回液压油箱。

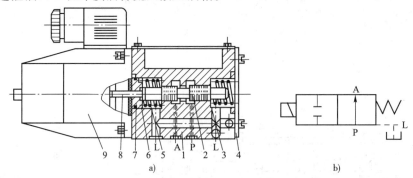

图1-56 二位二通电磁换向阀结构原理及图形符号
a)结构原理；b)图形符号
1-阀体；2-阀芯；3-弹簧座；4-复位弹簧；5-盖板；6-挡片；7-圈座；8-推杆；9-电磁铁

图1-57为弹簧对中的三位四通电磁换向阀。它左、右各有一个电磁铁1、6，阀芯两端为两个复位弹簧2、5。4个油口分别为P、T、A、B，该阀为O型中位机能。当左、右两个电磁铁均断电时，阀芯4在复位弹簧的作用下处于中位，4个油口由阀芯台肩所隔开而互不相通。当左电磁铁1通电时（右电磁铁6需断电），阀芯4在电磁铁推力作用下向右移动，P口与B口相通，A口与T口相通。当右电磁铁6通电时（左电磁铁1需断电），阀芯向左移动，P口与A口相通，而B口与T口相通。

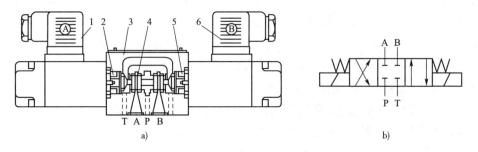

图1-57 三位四通电磁换向阀结构原理及图形符号
a)结构原理；b)图形符号
1-左电磁铁；2-左复位弹簧；3-阀体；4-阀芯；5-右复位弹簧；6-右电磁铁

大流量液压传动系统的换向通常采用液动换向阀和电液动换向阀。液动换向阀是通过外部提供的压力油作用使阀芯换向；而电液动换向阀是由作为先导控制阀的小规格电磁换向阀和作为主控制阀的大规格液动换向阀合在一起的换向阀，驱动主阀芯的信号来自于通过电磁阀的控制压力油（外部提供）。由于控制压力油的流量较小，故实现了小容量电磁阀控制大规格液动换向阀的阀芯换向（一级液压放大）。

①液动换向阀。图1-58是不带阻尼调节器的三位四通液动换向阀。该阀除了四个主油口P、T、A、B外，阀上还设有两个控制口K_1和K_2。当两个控制口都没有控制油进入时，阀芯2在两端弹簧4、7的作用下保持在中位，4个油口P、T、A、B互不相通。当控制油从K_1口

进入时,阀芯在压力油的驱动作用下左移,使得 P 口与 B 口相通,而 T 口与 B 口相通。应当注意的是,为了保证液动换向阀正常工作,当控制油从 K_1 口进入时,K_2 口的油液必须通过油管外泄至液压油箱,反之亦然。

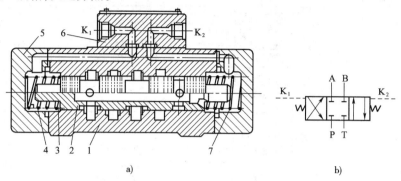

图 1-58 三位四通液动换向阀
a)结构原理;b)图形符号
1-阀体;2-阀芯;3-挡圈;4、7-弹簧;5-端盖;6-盖板

②电液动换向阀。图 1-59 为弹簧对中式三位四通电液动换向阀(不带阻尼调节器)的结构,它的主阀有 P、T、A、B 4 个油口。主阀芯两端分别与三位四通电磁先导阀的两个控制油口相通。按照 P 油道中有无螺塞 1,可以改变先导阀是外供控制油(从 X 口入)或内供控制油(从 P 口入);按照 T 油道中有无球状密封 2,可以改变先导阀的排油是外泄(从 Y 口出)或内泄(从 T 口出)。

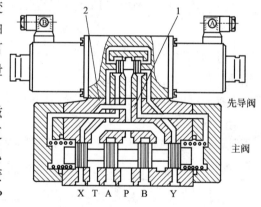

对于该电液动换向阀,当先导阀的两个电磁铁都不通电使阀芯处于中位时,主阀芯在两端复位弹簧的作用下处于中位。如果先导阀左端电磁铁通电,则先导阀芯右移,使主阀芯左端弹簧腔与压力油相通,主阀芯右移,从而使主阀的 P 口与 B 口相通,T 口与 A 口相通;当先导阀的右端电磁铁通电时,先导阀芯左移,主阀芯的右端弹簧腔与压力油相通,主阀芯左移,主阀的 P 口与 A 口相通,T 口则与 B 口相通。三位四通电液动换向阀控制供油和排油的不同组合,见表 1-7。

图 1-59 弹簧对中式三位四通电液动换向阀(不带阻尼调节器)结构
1-P 油道的螺塞;2-T 油道中的球状密封

表 1-7 三位四通电液动换向阀控制供油和排油的不同组合

控制油口		详细图形符号	特　点
供油	排油		
外部	外部		优点:换向阀的切换不受主油路中负载压力变化的影响

续上表

控制油口		详细图形符号	特　点
供油	排油		
内部	外部	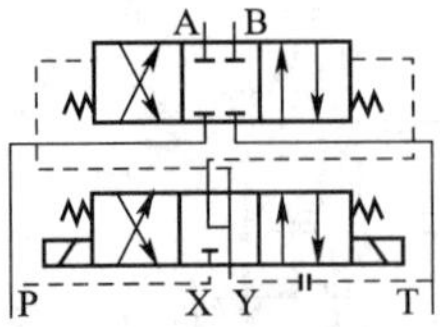	优点:不需要辅助控制油源,简化了管路布置,排油背压不受主阀回油背压影响 缺点:消耗主油路流量
外部	内部	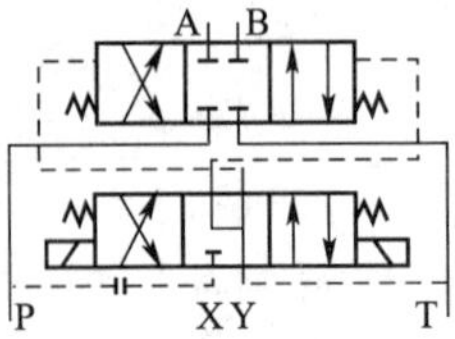	优点:切换不受主油路中负载压力变化的影响 缺点:可能需要控制油源,排油受主油路回油背压的影响
内部	内部	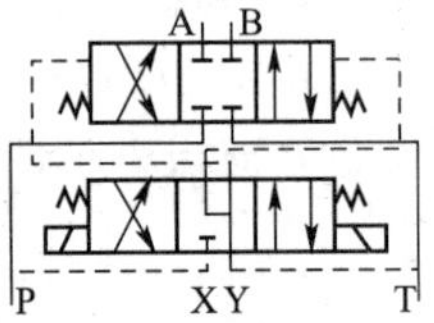	优点:不需要控制油源,简化了管路布置 缺点:消耗主油路流量,排油受主油路回油背压的影响

换向阀有多个工作位置,油路的连通方式因位置不同而异,换向阀的实际工作位置应根据液压传动系统的实际工作状态进行判别。

换向阀的阀芯处于原始位置(停车位置)时,阀的各通口的控制连通方式,称为阀的机能。滑阀的不同机能可满足不同的功能要求。四通阀的机能有多种,见表1-8。若该机能处于某个三位四通阀的中间位置上,即被称为中位机能。

四通阀的机能　　　　　　　　表1-8

滑阀机能	符　号	油口状况及特点
O型	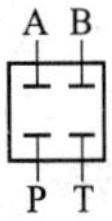	P、T、A、B四口全封闭,液压泵保压,液压缸闭锁,可用于多个换向阀的并联工作 H型
H型	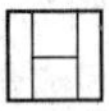	四口全串通,活塞处于浮动状态,在外力作用下可移动,用于泵卸荷
X型		四油口处于半封闭状态,泵基本卸荷,但仍保持一定压力;执行元件浮动
M型	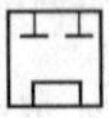	P、T相通,A与B均封闭,活塞处于闭锁状态,用于泵卸荷,也可用多个M型换向阀并联工作
U型	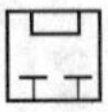	P和T都封闭,A与B相通;活塞浮动,但在外力作用下可移动,用于泵保压

续上表

滑阀机能	符号	油口状况及特点
P 型		P、A、B 相通,T 封闭,泵与油缸两腔相通,可组成差动回路
Y 型		P 口封闭,A、B、T 三口相通,活塞浮动,用于泵保压
J 型		P 与 A 封闭,B 与 T 相通,活塞静止,泵可保压
K 型		P、A、T 相通,B 口封闭,执行元件处于闭锁状态,可用于泵卸荷
D 型		P、B、T 相通,执行元件处于闭锁状态,泵处于卸荷状态
N 型		P 和 B 皆封闭,A 和 T 相通;与 J 型机能相似,只是 A 和 B 互换了,功能也类似

转阀式换向阀(简称转阀)是通过旋转阀芯改变与阀体的相对位置,接通或关闭油路实现换向的。由于操作阀时要使阀芯旋转,所以这种阀一般采用手动或机动操纵控制方式。

现以三位四通转阀(图 1-60)为例,说明转阀式换向阀的基本工作原理。它由阀体、阀芯和操纵手柄(图中未画出)等零件组成。阀体上有 P、A、B、T 通口,阀芯上开有沟槽和孔道。当阀芯处于Ⅱ位时,4 个油口 P、A、B、T 都关闭,互不相通;当阀芯顺时针方向转动到Ⅰ位时,则油口 P→B 相通,油口 A→T 相通。图 1-60b)是该三位四通转阀的图形符号。如果改用挡块等机械装置操纵时,便是一个三位四通机动转阀。由图形符号可知,转阀的工作位置数与通路数及工作位置的判定方法与滑阀式换向阀基本相同。

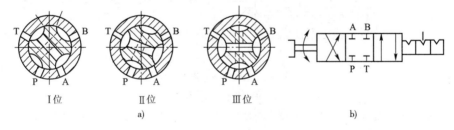

图 1-60 三位四通转阀式换向阀
a)结构原理;b)详细图形符号

(4)多路换向阀。多路换向阀(简称多路阀)是一种以两个以上的滑阀式换向阀为主体,集换向阀、止回阀、安全溢流阀、补油阀、分流阀、制动阀等于一体的多功能集成阀。与其他液压阀相比,多路阀使多执行元件的液压传动系统结构紧凑、管路简单、压力损失小、移动滑阀阻力小、多工作位置、制造简单。多路阀属于广义流量阀的范畴,从性能的角度看,具有方向和流量控制两种功能。

多路阀主要用于工程机械(如挖掘机、装载机等)、起重运输机械(如汽车起重机、大型拖拉机)及其他行走机构的液压传动系统,可以对多执行元件(液压缸和液压马达)实行集中控制。

图 1-61 为并联油路多路换向阀,其内部各联换向阀之间的进油路并联(即各阀的进油口与总的压力油路相连),各回油口并联(取各阀的回油口与总的回油路相连),进油与回油互不干扰。对于并联油路的多路阀系统,当同时操作各换向阀时,压力油总是首先进入油压较低(即负载较小)的执行元件,所以只有各执行器进油腔的油压相等时,它们才能同时动作;并联油路多路阀压力损失较小,分配到各执行元件的流量只是泵流量的一部分;多执行元件间不能实现严格同步。

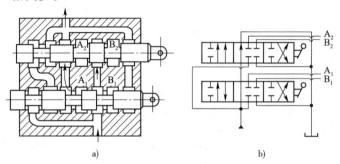

图 1-61　并联油路多路换向阀
a)结构原理;b)图形符号

图 1-62 为串联油路多路换向阀,多路换向阀内第一联换向阀的回油为下一联换向阀的进油,依次直到最后一联换向阀。

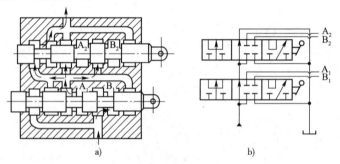

图 1-62　串联油路多路换向阀
a)结构原理;b)图形符号

串联油路的多路阀系统可以实现两个以上执行元件的复合动作,液压泵的工作压力为同时工作的各执行元件的负载压力总和。

3. 压力控制阀

(1)功用及分类。压力控制阀的功用是控制或调节液压传动系统中的油液压力,以满足执行元件对输出力、输出转矩及运动状态的不同需求。压力控制阀的分类如图 1-63 所示,它们的共同特点是利用阀芯上的液压力和弹簧力的平衡原理进行工作,调节弹簧的预压缩量(预紧力)即可获得不同的控制压力。

(2)溢流阀。几乎所有液压传动系统都要用到溢流阀。溢流阀的主要用途是通过阀口的溢流,使被控系统或回路的压力维持恒定,实现调压、稳压或限压(防止过载)作用。

溢流阀的种类很多,基本工作原理是可变节流与压力反馈。阀的受控进口压力来自液体流经阀口时产生的节流压差。按照结构类型及工作原理,溢流阀可以分为直动式和先导式两大类,统称为普通溢流阀。若将先导式溢流阀与电磁换向阀或止回阀等液压阀进行组合,还可以构成电磁溢流阀或卸荷溢流阀等复合阀。

直动式溢流阀。从控制理论角度而言,直动式溢流阀是一个闭环自动控制元件,其输入量为弹簧预紧力,输出量为被控压力(进口压力),被控压力反馈与弹簧力比较,自动调节溢流阀口的节流面积,使被控压力基本恒定。

现以图1-64的直动式溢流阀为例说明其工作原理。直动式溢流阀由阀体2、阀芯3及调压机构(调压螺钉5、调压弹簧7)等组成。阀体左、右两端开有溢流阀的进油腔P(接液压泵或被控压力油路和出油腔T(接液压油箱),阀体中开有阻尼孔1和内泄油孔8。直动式溢流阀中,作用在阀芯3上的油液压力直接与弹簧力相平衡。图示状态中,阀芯在弹簧力作用下关闭,油口P与T被隔开。当油液压力大于弹簧预调力时,阀芯上升,阀口开启,压力油液经出油腔T溢流。阀芯位置会因通过溢流阀的流量变化而变化,但因阀芯的移动量极小,所以只要阀口开启有油液流经溢流阀,溢流阀入口压力p基本上就是恒定的。当入口压力降低时,则弹簧力使阀芯关闭。调节弹簧7的预紧力即可调整溢流压力。改变弹簧的刚度,即可改变阀的调压范围。阻尼孔1属于动态液压阻尼,用于减小压力变化时阀芯的振动,提高稳定性。经阀芯与阀体孔径向接触间隙泄漏到弹簧腔的油液直接通过内泄油孔8与溢流油液一并排回液压油箱,此种泄油方式称为内泄。

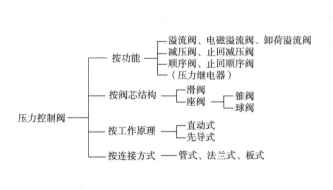

图1-63 压力控制阀的分类

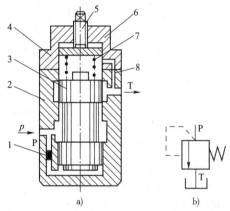

图1-64 直动式溢流阀工作原理
a)结构原理;b)图形符号
1-阻尼孔;2-阀体;3-阀芯;4-阀盖;5-调压螺钉;
6-弹簧座;7-调压弹簧;8-内泄油孔

图1-65同阀芯的直动式溢流阀的工作原理。

直动溢流阀的特点是结构简单,灵敏度高,但压力受溢流流量的影响较大,即静态调压偏差,调节灵敏,但稳定性差,噪声大,常作为安全阀及压力控制阀的先导阀。滑阀式溢流阀动作反应慢,压力超调大,但稳定性好。

先导式溢流阀。图1-66a)为先导式溢流阀的结构和工作原理,图1-66b)为图形符号。它由先导阀(导阀芯7和调压弹簧8)与主阀(主阀芯2和复位弹簧4)两部分构成。主阀体1上有两个主油腔(进油腔P和出油腔T)和一个远程控制口K(又称遥控口),主阀内设有阻尼孔3和泄油孔流道12,主阀与先导阀之间设有阻尼孔5。

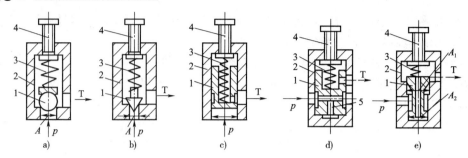

图 1-65 不同阀芯结构的直动式溢流阀工作原理
a)球阀;b)锥阀;c)滑阀;d)带阻尼孔滑阀;e)差动滑阀
1-阀芯;2-阀体;3-弹簧;4-调压螺钉

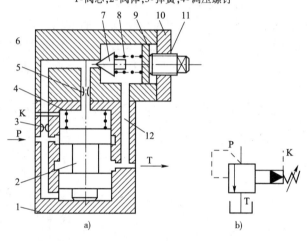

图 1-66 先导式溢流阀工作原理
a)结构;b)图形

1-主阀体;2-主阀芯;3、5-阻尼孔;4-复位弹簧;6-阀盖;7-导阀芯(锥阀);8-调压弹簧;9-弹簧座;10-阀盖;11-调压螺钉;12-油道

先导式溢流阀的主阀启、闭受控于先导阀。具体过程如下:压力油从进油腔 P 进入,通过阻尼孔 3 后作用在导阀上。当油腔的压力较低,导阀上的液压作用力不足以克服导阀芯 7 右边的调压弹簧 8 的作用力时,导阀关闭,没有油液过阻尼孔 3,所以主阀芯两端的压力相等,在较软的主阀复位弹簧 4 的作用下,主阀芯 2 处在最下端位置,溢流阀进油腔 P 回油腔 T 隔断,没有溢流。当油腔压力升高到作用在导阀上的油液压力大于导阀调压弹簧 8 的预紧力时,导阀打开,压力油就通过阻尼孔 3、经过油道 12 流回液油油箱。由于阻尼孔 3 的作用,使主阀芯上端的液体压力小于下端。当这个压力差作用在主阀芯上的力超过主阀弹簧力、摩擦力和主阀芯自重时,主阀芯打开,油液从进油腔 P 流入,经主阀阀口由出油腔 T 流回液压油箱,实现溢流作用,用调压螺钉调节导阀弹簧的预紧力,就可调节溢阀的溢流压力。阻尼孔 5 起动态液压阻尼作用,以消除主阀芯的振动,提高其动作平稳性。阀中远程控制口 K 的作用是:如果通过油管接到另一个远程调压阀(远程调压阀的结构和溢流阀的先导控制部分一样),调节远程调压阀的弹簧力,即可调节溢流阀主阀芯上端的油液压力,从而对溢流阀的溢流压力实行远程调压。但是,远程调压阀所能调节的最高压力不得超过溢流阀本身导阀的调整压力;如果通过电磁换向阀外接多个远程调压阀,便可实现多级调压;如果通过电

磁阀将远程控制口 K 接通液压油箱时，主阀芯上端的压力很低，系统的油液在低压下通过溢流阀流回油压油箱，实现卸荷。

（3）顺序阀。顺序阀在液压传动系统中的用途是控制多执行元件之间的顺序动作。通常顺序阀可视为液动二位二通换向阀，其启闭压力可用调压弹簧设定。当控制压力（阀的进口压力或液压传动系统某处的压力）达到或低于设定值时，顺序阀可以自动启闭，实现进、出口间的通断。

直动式顺序阀。该阀的工作原理和图形符号如图 1-67 所示。与溢流阀类似，阀体 3 上开有两个油口 P_1、P_2，但 P_2 是接二次油路（后动作的执行元件油路），所以在阀盖 6 上的泄油口 L 必须单独接回液压油箱，而溢流阀可外泄也可内泄。为了减小调压弹簧 5 的刚度，阀芯（滑阀）4 下方设置了控制柱塞 2。液压传动系统工作时油源压力 P_1 克服负载使液压缸 1 动作。如果缸 I 的负载较小，P_1 的压力小于阀的调定压力，则阀芯 4 处于下方，阀口关闭。液压缸 I 的活塞左行到达其极限位置时，液压传动系统压力（即一次压力）P_1 升高。当经内部流道 a 进入柱塞 2 下端面上油液的油液压力超过弹簧预紧力时，阀芯 4 便上移，使一次压力油腔 P_1 与二次压力油腔 P_2 接通。压力油经顺序阀口后克服液压缸 II 的负载使其活塞向上运动。从而利用顺序阀实现了 P_1 口压力驱动液压缸 I 和由 P_2 口压力驱动缸 II 的顺序动作。顺序阀在阀开启后应尽可能减小阀口压力损失，力求使出口压力接近进口压力。这样，当驱动液压缸 II 所需 P_2 腔的压力大于阀的调定压力时，液压传动系统压力略大于驱动液压缸 II 的负载压力，因而压力损失较小。如果驱动液压缸 II 所需 P_2 腔的压力小于阀的调定压力，则阀口开度较小，在阀口处造成一定的压差以保证阀的进口压力不小于调定压力，使阀打开，P_1 口与 P_2 口在一定的阻力下沟通。综上所述，内控式顺序阀开启与否，取决于其进口压力，只有在进口压力达到弹簧设定压力阀才开启。内控式顺序阀的进口压力，可通过改变调压弹簧的预紧力实现。

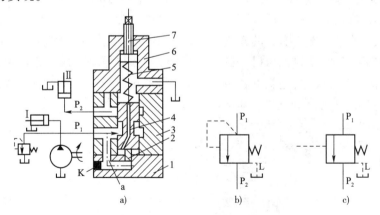

图 1-67 直动式内控顺序阀的工作原理
a)结构原理；b)内控顺序阀图形符号；c)外控顺序阀图形符号
1-阀盖；2-控制柱塞；3-阀体；4-阀芯（滑阀）；5-调压弹簧；6-阀盖；7-调压螺钉；I、II-液压缸；a-油道

如果将阀盖 1 转过 90°或 180°，并打开外控口螺堵 K，则上述内控式顺序阀就可变为外控式顺序阀，其图形符号如图 1-67c）所示。外控式顺序阀是用液压传动系统其他部位的压力控制其启闭，阀启闭与否和一次压力油的压力无关，仅取决于外部控制压力的大小。因弹

簧力只需克服阀芯摩擦副的摩擦力使阀芯复位,所以外控油压可以较低。

直动式顺序阀具有结构简单、动作灵敏的优点,但是由于弹簧设计的限制,尽管采用小直径控制活塞结构,弹簧刚度仍较大,故调压偏差大限制了压力的提高,所以一般调压范围低于8MPa,而压力较高时应采用先导式顺序阀。

先导式顺序阀。与先导式溢流阀相仿,先导式顺序阀也是由主阀和先导阀两部分组成,只要将直动式顺序阀的阀盖和调压弹簧去除,换上先导阀和主阀芯复位弹簧,即可组成先导式顺序阀。

一般情况下,同样规格的先导式顺序阀与先导式减压阀的先导阀通用,用来调节阀的顺序动作压力。先导式顺序阀的工作原理与先导式溢流阀的工作原理基本相同,只是顺序阀的出油腔接负载,而溢流阀的出油腔要接液压油箱。

(4)平衡阀。平衡阀又称限速阀。工程机械中许多机械存在负重下降工况,为避免其超速下降,需设置平衡阀。如液压起重机的起升机构和变幅机构的液压传动系统、挖掘机的行走机构液压传动系统等。该阀由止回阀和顺序阀并联而成。

(5)减压阀。减压阀主要用于降低液压传动系统某一支路的油液压力,使同一液压传动系统中能有两个或多个不同压力的回路。常用于各种液压控制系统、夹紧系统、辅助系统及润滑系统中。

根据结构和工作原理,减压阀也分为直动式和先导式,直动式减压阀有定值减压阀、定差减压阀和定比减压阀。直动式减压阀在减压系统中较少单独作用,直动式定差压阀仅作为调速阀的组成部分。

先导式减压阀则应用较多,图1-68为一种较典型的先导式减压阀。该阀也是由先导阀和主阀部分组成,主阀中P_1为压力油进油腔,P_2为减压油出口腔,减压油通过主阀芯4下端经油槽a、主阀芯内的阻尼孔b进入主阀芯上腔c后,再经孔d进入先导阀前腔。出口油压P_2小于减压阀调定值时,锥阀2在弹簧作用下将先导阀口关闭,主阀芯上下腔压力均等于出口油压。因此,主阀芯4在弹簧3的作用下处于下端位置,此时通道缝隙口e最大,主阀全开,节流作用最弱。如果出口油压(即二次压力油)超过调定值,锥阀2打开,阻尼孔b上下腔因油液流通而产生压力差,主阀下腔油压大于上腔油压。当压力差克服弹簧3的作用后,主阀芯抬起,P_1腔和P_2腔之间的二次压力油基本上保持为定值。

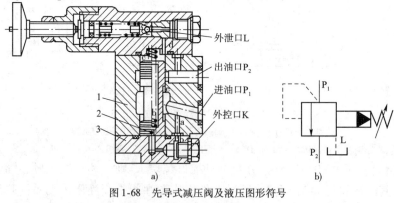

图1-68 先导式减压阀及液压图形符号
a)结构原理;b)图形符号
1-手轮;2-锥阀;3-主阀弹簧

与溢流阀、顺序阀相比,减压阀的主要特点是:阀口常开,从出口引压力油控制阀口开度,使出口压力恒定;泄油单独流回液压油箱。

(6)背压阀。返回液压油箱的油液的阻力称为背压,专用于产生背压的阀称为背压阀。在单泵供油的液压传动系统中,当采用电液换向阀或液动换向阀在常态位使液压泵卸荷时,换向阀的进油路或回油路应设背压阀,使液压传动系统恢复工作时液压泵的供油能有足够的控制压力来切换液动阀。在进油节流调速系统中,液压缸的回油路设一背压阀,对消除运动件爬行现象、提高速度稳定性有很大帮助。溢流阀、顺序阀以及换上硬弹簧的止回阀均可作背压阀使用。

4. 流量控制阀

(1)功用及分类。流量控制阀的功用是通过改变阀口通流面积的大小或通道长短来改变液阻、控制阀的通过流量,从而实现执行元件(液压缸或液压马达)运动速度(或转速)的调节和控制。按照结构和原理,流量控制阀的分类如图1-69所示。

(2)节流阀。节流阀是结构最简单但应用最广泛的流量控制阀,经常与溢流阀配合组成定量泵进油的各种节流调速液压回路或液压系统。按照操纵方式的不同,节流阀可以分为手动调节式普通节流阀、行程挡块或凸轮等机械运动部件操纵式行程节流阀等形式;节流阀还可以与止回阀等组成止回节流阀、止回行程节流阀等复合阀。

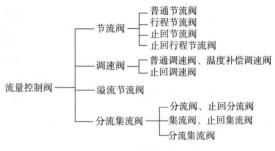

图1-69 流量控制阀的分类

图1-70为一普通节流阀,其工作原理如下:该阀的阀体5上开有进油口P_1和出油口P_2,阀芯2左端开有轴向三角槽式节流通道6,阀芯在弹簧1的作用下始终贴紧在推杆3上。油液从进油口P_1流入,经孔道a和阀芯2左端的三角槽6进入孔道b,再从出油口P_2流出,通向执行元件或液压油箱。调节手柄4通过推杆3使阀芯2做轴向移动,即可改变节流口的通流截面积,实现流量的调节。

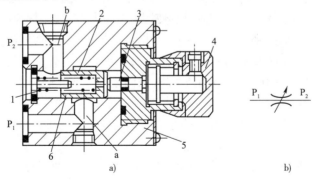

图1-70 普通节流阀结构原理和图形符号
a)结构原理;b)图形符号
1-弹簧;2-阀芯;3-推杆;4-调节手柄;5-阀体;6-节流通道

(3)调速阀。调速阀是由定差减压阀与节流阀串联而成的组合阀。节流阀用来调节通过的流量,定差减压阀则自动补偿负载变化的影响,使节流阀前后的压差为定值,消除负载变化对流量的影响。

如图1-71所示,定差减压阀1与节流阀2串联,定差减压阀左右两腔也分别与节流阀前后端沟通。设定差减压阀的进口压力为p_1,油液经减压后出口压力为p_2,通过节流阀又降至p_3进入液压缸。p_3的大小由液压缸负载F决定。负载F变化,则p_3和调速阀两端压差p_1-p_3随之变化,但节流阀两端压差p_2-p_3却不变。例如,F增大使p_2增大,减压阀心弹簧腔液压作用力也增大,阀芯左移,减压口开度x加大,减压作用减小,使p_2有所增加,结果压差p_2-p_3保持不变。反之亦然。调速阀通过的流量因此就保持恒定了。

(4)分流—集流阀。分流—集流阀用来保证两个或两个以上的执行元件在承受不同负载时仍能获得相同或成一定比例的流量,从而使执行元件以相同的位移或相同的速度运动(同步运动),故又称同步阀。根据液流方向,分流—集流阀可分为分流阀、集流阀和分流集流阀,与止回阀组合还可以构成止回分流阀、止回集流阀等复合阀。

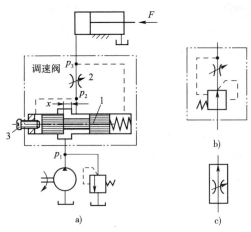

图1-71 调速阀工作原理图形和符号
a)工作原理;b)详细符号;c)简化符号
1—定差减压阀;2—节流阀;3—行程限位器

五、液压辅助元件

1. 密封装置

密封装置主要用来防止泄漏。液压系统是依靠密闭容积的变化来传递动力和速度的,故密封装置的优劣将直接影响液压系统的工作性能。根据液压元件的两个需要密封的耦合面间有无相对运动,可把密封分为动密封和静密封两大类。设计或选用密封装置的基本要求是:具有良好的密封性能,并随着压力的增加能自动提高其密封性能;摩擦阻力小;密封件耐油性、抗腐蚀性好;耐磨性好、使用寿命长;使用的温度范围广;结构简单,装拆方便。

间隙密封是一种简单的密封方法。它依靠相对运动零件配合面间的微小间隙来防止泄漏,一般间隙为0.01~0.05mm,这就要求配合面加工的精度很高。一般间隙密封活塞的外圆表面上开有几道宽0.3~0.5mm、深0.5~1mm、间距2~5mm的环形沟槽(称平衡槽或均压槽),其作用是:开平衡槽后活塞周向间隙的差别减小,各向油压趋于平衡,使活塞能自动对中,减少了摩擦力;增大了油液泄漏的阻力,减小了偏心量,提高了密封性能;储存油液,使活塞能自动润滑。

间隙密封的特点是结构简单,摩擦力小,经久耐用,但对零件的加工精度和装配精度要求较高,且难以完全消除泄漏。

活塞环密封依靠装在活塞环形槽内的弹性金属环紧贴缸筒内壁实现密封,其密封效果较好,适应的压力和温度范围很宽,能自动补偿磨损和温度变化的影响,能在高速条件下工作,摩擦力小,工作可靠,寿命长。但因活塞环与其相对应的滑动面之间为金属接触,故不能完全密封,且活塞环的加工复杂,缸筒内表面加工精度要求高。

密封圈密封是液压传动系统中应用最广泛的密封形式,密封圈有O形、Y形、V形及组合式等数种,其材料为耐油橡胶、尼龙等。

组合式密封。随着液压技术的应用日益广泛,液压传动系统对密封的要求越来越高,普通的密封圈单独使用往往不能很好地满足密封性能要求,特别是使用寿命和可靠性方面的要求。因此,需要使用包括密封圈在内的两个以上元件组成的组合式密封装置。

2. 液压油箱

液压油箱的主要功用是:储存液压传动系统工作所需的足够油液;散发液压传动工作时产生的热量;沉淀污物并使油液中的气体逸出。

按液压油箱是否与大气相通,可分为开式油箱和闭式油箱。开式油箱广泛用于一般的液压传动系统;闭式油箱则用于水下和高空无稳定气压或对工作稳定性与噪声有严格要求的场合。

3. 过滤器

液压传动系统的故障中约有75%是由于油液污染造成的,但油液中往往存在着颗粒状的固体杂质,它会划伤液压元件运动副的接合面,加剧磨损或卡死运动件,堵塞阀口,增加内部泄漏,降低效率,增加发热,促进油液的化学作用,使油液变质。为保持油液清洁、延长液压元件使用寿命,保证液压传动系统工作的可靠性,液压传动系统中必须设置液压油过滤器。

按滤芯材料和结构形式过滤器分为网式,线隙式、纸芯式、绕结式及磁性过滤器等。

安装过滤器时应当注意,一般过滤器都只能单向使用,即进、出口不可反接,以利于滤芯清洗和安全。因此,过滤器不要安装在液流方向可能变换的油路上。必要时,可增设止回阀和过滤器,以保证双向过滤。

4. 管件

管件包括管道和管接头。液压传动系统用管道来传送工作液体,用管接头把油管与油管或液压元件连接起来。管件的选用原则是:要保证管路中油液做层流流动,管路尽量短,以减小压力损失;要根据工作压力、安装位置来确定管材与连接结构,以保证管道和管接头有足够的强度、良好的密封性;与液压泵、液压控制阀等连接的管件应由其接口尺寸决定管径;装拆方便。

5. 热交换器

液压传动系统工作时,液压油的温度应保持在15~80℃之间,油温过高将使油液迅速变质,同时油液的黏度下降,液压传动系统的效率降低;油温过低则油液的流动性变差,液压传动系统压力损失加大,液压泵的自吸能力降低。因此,保持油温是液压传动系统正常工作的必要条件。因受机械负载等因素的限制,有时靠液压油箱本身的自然调节无法满足油温的需要,需要借助专用设施,如热交换器满足液压油温的要求。热交换器分冷却器和加热器两类。

冷却器按冷却形式可分为水冷、风冷和氨冷等多种形式,其中水冷式和风冷式较为常用。

图1-72a)为常用的蛇形管式水冷却器,将蛇形管安装在液压油箱内,冷却液从管内流过,带走油液内的热量。这种冷却器结构简单,成本低,但热交换效率低。

图1-72b)为工程机械常用的壳管式冷却器,由壳体1、铜管3及隔板2组成。液压油从壳体1的左油口进入,经多条冷却铜管3外壁及隔板冷却后从壳体右口流出。冷却液在壳体右隔箱4上部进水口流入,在上部铜管3内腔到达壳体左封堵,然后再经下部铜管3内腔通道,由壳体右隔箱4下部出水口流出。由于多条冷却铜管及隔墙的作用,这种冷却器热交换效率高,但体积大、造价高。

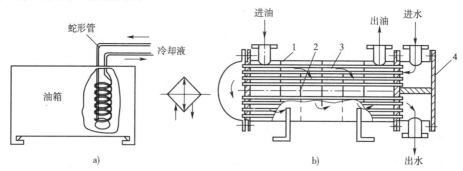

图1-72 冷却器
a)蛇形管式;b)壳管式
1-壳体;2-隔板;3-铜管;4-壳体右隔箱

风冷式散热器在行走速度较高的轮式工程机械液压传动系统中应用较多,其结构是排管式,也可以用翅片式(单层管壁),其体积小,但散热效率不及水冷式的高。

液压传动系统中所使用的加热器一般采用电加热方式。电加热器结构简单,控制方便,可以设定所需温度,温控误差较小。但电加热器的加热管直接与液压油接触,易造成液压油箱内油温不均匀,有时会加速油质老化。因此要设置多个加热器,且控制加热不宜过高。

六、液压传动基本回路

无论工程机械的液压传动系统如何复杂,都是由几个能完成一定功能的液压基本回路组成的。这些液压基本回路是由几个液压元件根据一定的需要组合而成的,是最简单的液压传动系统。

液压基本回路按其功能可分为三类:方向控制回路、压力控制回路和速度控制回路。每一类液压基本回路又可分为几种不同作用的回路。实现相同作用的回路,由于选择的液压元件不同或组合方式不同,其性能也不一样。掌握各种液压基本回路的组成、特点及应用情况,是分析复杂的工程机械液压传动系统的基础。

1. 压力控制回路

压力控制回路是用各种压力阀调节液压传动系统中的压力,以满足执行机构对压力的要求,保证液压传动系统正常工作。它包括调压回路、卸荷回路、缓冲补油回路和减压回路等。

(1)调压回路。调压回路是采用溢流阀来控制液压传动系统的工作压力,它包括安全回路、防过载回路等。

在采用定量泵或变量泵的液压传动系统中,用溢流阀构成安全回路(图1-73)限制其最大工作压力,以保护液压传动系统。溢流阀安装在液压泵的出口处,称为安全阀。当液压传动系统出现最大工作压力时,安全阀打开即开始溢流。

在装载机中,当它的工作机构换向、突然停止或遇到很大负载时,执行元件如液压缸内将产生很大的冲击压力。由于执行元件距离液压泵出口处较远,安全阀不能立即打开,致使冲击压力继续升高。为保护液压传动系统安全,在执行元件附近设置反应灵敏的溢流阀(图1-74),该溢流阀一般称为过载阀。它的调定压力略高于安全阀的调定压力,防过载回路亦称缓冲回路。

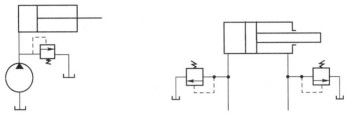

图1-73 安全回路　　　　图1-74 防过载回路

(2)卸荷回路(图1-75)。卸荷回路的作用是在内燃机不熄火的情况下使液压泵卸荷(无载空转)。所谓卸荷是指液压泵以最小输出功率运转,即液压泵以最低压力输出的液压油流回液压油箱,或以最小流量(补偿系统泄漏所需之流量)输出压力油。它可减少动力消耗,降低液压传动系统的发热量。常见的卸荷回路有利用换向阀卸荷回路、利用溢流阀卸荷回路、复合泵卸荷回路等。

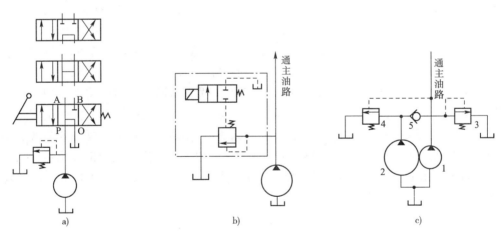

图1-75 卸荷回路
a)利用换向阀卸荷回路;b)利用溢流阀卸荷回路;c)复合泵卸荷回路
1-高压小流量泵;2-低压大流量泵;3-溢流阀;4-卸荷阀;5-止回阀

(3)补油回路。在液压传动系统执行元件的进、回油路均被封闭的情况下,如果某油路的一端因液压冲击而过载溢流,或由于负载压力导致泄漏时,其另一端(低压端)势必造成一定程度的真空。液压传动系统在负压下很容易吸入空气或从油中析出空气,空气进入油液又会引起噪声、振动和爬行等一系列故障,因此必须采取补油措施:在工作油路和回油低压油路之间安装一个止回阀。工程机械通常将防过载回路和补油回路同时采用,并设专用的过载补油阀。图1-76为缓冲补油回路,两个过载阀和两个止回阀分别为液压马达的两边油路缓冲、补油。

（4）减压回路。当液压传动系统用一个液压泵同时驱动不同工作压力的执行元件时，可采用减压回路。在工程机械液压传动系统中，控制油路、润滑油路和制动油路等都是采用减压回路来满足要求的。图1-77为一般的减压回路。

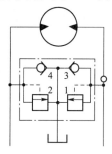

图1-76 缓冲补油回路

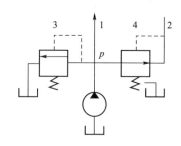

图1-77 减压回路
1-主油路；2-二次油路；3-溢流阀；4-减压阀

2. 速度控制回路

装载机液压传动系统除必须满足主机对力或力矩的要求外，还需通过速度控制回路来满足对其运动速度的各项要求，如调速、限速、减速等。下面简要介绍的调速回路分为有级调速和无级调速（节流调速、容积调速和联合调速）。

（1）有级调速回路。在多泵和多执行元件的定量系统中，可以采用分流与合流交替，或串联与并联交替（即采用改变油液流动的循环方式）等方法来实现有级调速。

图1-78是用合流阀来改变泵组连接的有级调速回路。合流阀3处于左位时液压泵1和液压泵2单独向各自分管的执行元件供油，此时为低速状态；若有一执行元件不需要工作时，可将合流阀3右移使液压泵1和液压泵2合流，共同向另一个执行元件供油，使其处于高速状态。

图1-79是工程机械液压传动系统中常见的串并联调速回路。该回路中有两个相同的液压马达，彼此机械地连在一起，共同驱动工作机构或行走机构的某一侧，由两位四通电磁阀操纵换挡。电磁阀在图示位置是两个液压马达处于并联状态，从液压泵来的油液分别进入两个液压马达，此时为低速状态，输出的力矩较大。电磁阀换向后两个液压马达转入串联形式，从液压泵来的油液先后进入两个液压马达，此时为高速状态，其速度比并联时增加一倍，但其转矩则相应地减小一半。

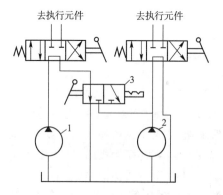

图1-78 定量泵组调速回路
1、2-液压泵；3-合流阀

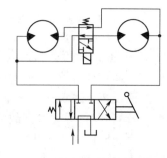

图1-79 串并联调速回路

（2）无级调速回路。易于实现无级调速是液压传动的突出优点之一。若调节进入执行元件的流量,或调节液压泵和液压马达的工作容积便可实现无级调速。无级调速回路包括节流调速回路、容积调速回路和容积节流联合调速回路等。

节流调速回路又分为节流阀调速回路和换向阀调速回路两种。

节流阀调速回路有三种形式:进油路节流调速回路、回油路节流调速回路及旁通路节流调速回路,如图1-80所示。它们的节流阀分别安装在进油路、回油路和旁通路上。

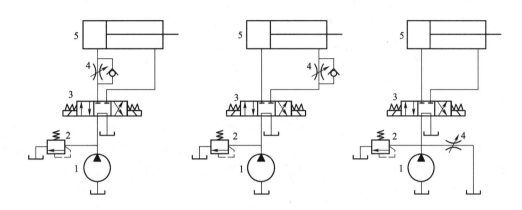

图1-80　进油路、回油路及旁通路节流调速回路
1-液压泵;2-溢流阀;3-换向阀;4-节流阀;5-液压缸

节流阀调速回路虽然简单、经济,并能获得较低的运动速度,但由于其效率低的原因,只能用于小功率及中低压场合,或液压传动系统虽然功率较大,但节流时间短暂的场合。

工程机械很少使用专门的节流阀来调速,而多用换向阀的阀口开度来实现节流调速,即换向阀调速回路。

图1-81a)为手动M型三位换向阀控制的进油路节流兼回油路节流的调速回路。按图示方向,阀芯向右移动,液压泵的卸荷通路被切断,同时打开阀口f_1和f_2,将液压泵输出的油液从阀口f_1引入液压缸的左腔,然后从阀口f_2引回液压油箱。调节阀口f_1和f_2的通流面积,实质上是借助于节流阻尼来改变主油路和旁通油路的流阻力大小,重新分配油液,从而实现无级调速。这种调速回路具有进油路节流和回油路节流的综合调速特性。

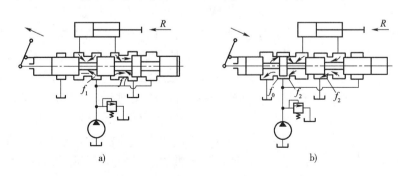

图1-81　换向阀调速回路
a)进油路和回油路节流调速回路;b)旁通路和回油路节流调速回路

图 1-81b)所示的则是由 M 型三位换向阀控制的旁通路节流兼回油路节流的调速回路。其换向阀与前例虽有相同作用,但轴向尺寸不同。按图示方向,阀芯向左移动,液压泵输出的油液在阀内分成两路:一部分通过阀口 f_0 从旁通路流回液压油箱;另一部分通过阀口 f_1 沿主油路进入液压缸左腔,主油路由压随旁通路节流阀口 f_0 的关小而升高,直到推动活塞工作。液压缸右腔的油液则通过阀口 f 流回液压油箱,当阀口 f_0 完全关闭、f_1 和 f_2 阀口开度最大时,液压缸则全速运动。因此,只要把阀口 f_0 控制在全开与全闭之间,就能实现旁通路节流无级调速。如果液压缸承受的是负值载荷,这时便可利用阀口 f_2 来实现回油路节流调速。当关小阀口 f_2 时,液压缸动作减慢。因此该调速回路在不同负载情况下具有旁通路节流或回油路节流的调速特性。它常用于功率较大而速度稳定性要求不高的场合。

容积调速回路是利用改变液压泵或液压马达的排量来实现无级调速的,不需要节流和溢流,所以能量利用比较合理,效率高,发热少,在大功率工程机械液压传动系统中获得越来越多的使用。根据其组成的不同,容积调速回路有三种基本形式:变量泵定量执行元件调速回路、定量泵—变量液压马达调速回路及变量泵—变量液压马达调速回路。根据其油路循环方式,容积调速回路又可分为开式回路和闭式回路。开式回路中油液从液压油箱中吸出,经执行元件后流回液压油箱。闭式回路中液压泵输出的油液经执行元件后直接进入液泵的吸油口。

3. 方向控制回路

方向控制回路是用来控制液压传动系统中油液流动的接通、切断或改变方向,使各执行元件按照需要作出起动、停止或换向等一系列动作。装载机中常用的方向控制回路有换向回路和浮动回路等。

(1)换向回路。开式液压传动系统中,执行元件的换向主要是借助于各种换向阀来实现的。装载机多采用换向滑阀,而且大多为集成式的多路换向阀(简称多路阀),其结构紧凑,操作方便,可兼有起动、制动和调整作用。换向滑阀回路又可分为手动换向阀回路和先导换向阀回路。

手动换向阀回路是直接用操纵杆来推动滑阀移动,劳动强度较大,但结构简单,常用于中小型装载机。而目前高端装载机越来越广泛地应用节流式先导控制或减压阀式先导控制的换向阀来进行换向和调整。采用先导式换向阀回路,可以使用操纵先导阀来控制主换向阀动作,具有力的放大作用,使操作省力。但这种回路结构较复杂,需要外加一个低压先导油路,造价相应较高。

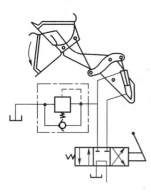

图 1-82 补油阀浮动回路

(2)浮动回路。浮动回路的作用是把执行元件的进、出油口直接连通、使其自行循环,或同时接通油箱,使其处于无约束的浮动状态。图 1-82 所示的浮动回路是装载机利用缓冲补油阀的补油作用,使转斗液压缸处于浮动状态,以便铲斗卸料时实现"撞斗"动作,使卸料既快又彻底。具体过程是,卸料时换向阀接右位,压力油进入转斗油缸的有杆腔,通过摇臂和推杆使铲斗翻转。铲斗重心越过铰支点后便在重力作用下自行翻转,速度逐渐超过液压泵的供油速度。由于补油阀能及时向转斗油缸的有杆腔补油,使液压缸浮动,铲斗快速翻转,直到撞击挡块为止。这时如果反复换向,便可使铲斗获得连续撞击,以震落物料。

七、液压油的合理使用

工程机械广泛采用了液压传动,如果把液压泵(或者液压马达)比作液压系统的心脏,那么液压油就是液压系统的血液。液压系统工作的可靠性和使用寿命,在很大程度上取决于液压油的性能及其正确使用。

1. 液压油的使用性能

(1)黏度和黏温性。黏度是液压油的主要性能指标之一。黏度对液压传动的正常工作有重要影响,黏度大时油泵吸油阻力增加,流动过程能量损失增加,容易产生空穴和气蚀,造成油压不稳;黏度小时油泵的内泄漏增多,容积效率降低,管路接头处的泄漏增多,控制阀因内泄漏增多而控制性能下降,油品对机械滑动部件的润滑性能降低,造成磨损增加,甚至发生烧结。因此黏度必须适当,多数情况下使用40℃时运动黏度为 $11.0 \sim 60.0 \text{mm}^2/\text{s}$ 的液压油。目前,各国都在大力推广使用低黏度优质液压油和水基液压油,其中水基液压油有节约油料、降低润滑油成本、对保护环境和人体健康安全有利等优点。

黏温性是表示液压油黏度随温度变化的大小。由于工程机械多在露天环境中工作,油温会随气温而变化,不同地区、不同季节也会使油温发生较大变化。而液压油承受液压泵、控制阀机件的较高压力,不可避免地会使油温升高,黏度下降。停止时,油温下降至常温,黏度又会上升,导致起动困难。液压油黏度变化有时会造成控制系统失灵,因此为保护液压系统工作稳定,要求液压油有较好的黏温性。一般抗磨液压油的黏度指数不应低于90,低温液压油不低于130,数字控制液压油要求黏度指数在170以上。

(2)抗泡性和空气释放性。

液压油中产生气泡的原因有:

①在液压油箱内,液压油与空气一起受到剧烈搅动。

②液压油箱内油面过低,油泵吸油时把一部分空气也吸进泵里。

③空气在油液中的溶解度是随压力而增加的,在高压区域油液中溶解的空气较多,当压力降低时,空气在油液中的溶解度也随之降低,油液中原来溶解的空气就会析出一部分而产生气泡。

液压油中气泡有如下的害处:

①气泡很容易被压缩,因而会导致液压系统的压力下降,产生振动和噪声,液压系统的工作不规律,能量传递不稳定、不可靠。

②容易产生气蚀作用。当气泡受到油泵的高压时,气泡中的气体就会溶于油液中,这时气泡所在的区域就会变成局部真空,周围的油液会以极高的速度来填补这些真空区域,形成冲击压力和冲击波。这种冲击压力可高达几十甚至上百兆帕,这就是空穴作用。如果这种冲击压力和冲击波作用于固体壁面上,就会产生气蚀作用,使机械零件损坏。

③气泡在油泵中受到迅速压缩(绝热压缩)时,产生局部高温,可高达1000℃,促使油液蒸发、热分解和气化、变质、变黑。

④增加液压油与空气的接触面积,增加液压油中的氧分压,促进液压油的氧化。

抗泡性和空气释放性是液压油的重要使用性能。液压油应有良好的抗泡性和空气释放性,即在液压系统工作过程中产生的气泡要少;所产生的气泡要能很快破灭,以免与液压油一起被油泵吸进液压系统中去;溶解在液压油中的微小气泡必须容易释放出来,为此液压油中通常需加入甲基硅油或聚酯等抗泡剂。

(3)抗氧化性。液压油在空气、温度、水分、杂质、金属催化剂等作用下会发生氧化,液压油氧化后产生的酸性物质会增加对金属的腐蚀,产生的黏稠油泥沉淀物会堵塞过滤器和其他孔隙,妨碍控制机构的工作,降低效率,增加磨损。氧化的液压油许多性能都会下降,以致必须更换。因此,液压油的抗氧化性越好,使用寿命就越长。通常要求使用期中酸值达到2.0mgKOH/g 的时间不少于1000h。

(4)抗腐防锈性。液压油在工作过程中由于水、空气的存在,使液压元件发生锈蚀、腐蚀,影响液压元件的精度,锈蚀产生的颗粒脱落也会造成磨损,从而影响液压系统的正常工作和寿命。因此,液压油应有较强的防锈、抗腐能力。

(5)抗乳化性。液压油在工作过程中,混入其内的水分受到油泵等液压元件的剧烈搅动,容易形成乳化液。如果这种乳化液是稳定的,则会加速液压油的变质,降低润滑性、抗磨性,生成沉淀物会堵塞过滤器、管道、阀口等,还会发生锈蚀、腐蚀。因此,液压油应有良好的抗乳化性,即液压油能较快地与水分离开来,使水沉到液压油箱底部,然后定期排出。为此,常在液压油中加入抗乳化剂等添加剂,避免形成稳定的乳化液。

(6)水解安定性。液压油中的添加剂是保证油品使用性能的关键成分,如果液压油的抗水解性差,添加剂容易被水解,则液压油的主要性能不可能是好的。因此,液压油应具有良好的水解安定性。

(7)抗磨性。液压系统工作时,液压元件总要产生摩擦和磨损,特别是在起动和停车时常处于边界润滑状态。如果液压油抗磨性差,润滑性不好就会磨损,因此为提高液压油的抗磨性能,常添加一定量的极压抗磨剂,如磷酸三甲苯酯和二烷基二硫代磷酸锌等。工作压力高的液压系统,对液压油的抗磨性要求就更高。

(8)抗剪切性。高压、高速条件下工作的液压油经过液压泵、控制阀等液压元件,尤其是通过各种液压元件的微孔、缝隙时,要经受剧烈的剪切作用。液压油中的一些大分子就会发生断裂,变成较小的分子,使液压油的黏度降低。当黏度降低到一定限度时该液压油就不能继续使用,因此液压油应具有较好的抗剪切性。

(9)与材料的适应性。液压油对与其接触的各种金属材料以及橡胶、涂料、塑料等非金属材料有良好的适应性,不会相互作用而使金属腐蚀、涂料溶解、橡胶膨胀、密封失效或液压油变质。因此,液压油应具有良好的与材料的适应性。

2. 液压油的分类和规格

(1)液压油的分类。在液压传动系统中所使用的工作介质大多是石油基液压油,但也有合成液体、水包油乳化液(也称为高水基)和油包水乳化液等。这里主要介绍液压传动的工作介质,它们的种类,如表1-9 所示。

我国等效采用国际通用的 ISO 关于工业润滑油的黏度分级。分级方法是用40℃运动黏度的中间值为黏度牌号,共分为10、15、22、32、46、68、100、150 8 个黏度级,见表1-10。

(2)工程机械常用液压油的规格。

①HL 液压油。HL 液压油采用精制深度较高的中性矿物油作为基础油,加入多种相配伍的添加剂调配而成,具有较好的抗氧、防锈、抗泡、抗乳化、空气释放、橡胶密封适应等性能。分为15、22、32、46、68、100 等牌号。HL 液压油属抗氧防锈型液压油,适用于一般的机

械设备中、低压液压系统的润滑(2.5MPa以下为低压,2.5~8.0Pa为中压)。

液压传动工作介质的种类　　　　　　表 1-9

工作介质	石油基液压液	无添加剂的石油基液压液(L-HH)	
		HH + 抗氧化剂、防锈剂(L-HL)	
		HL + 抗磨剂(L-HM)	
		HL + 增黏剂(L-HR)	
		HM + 增黏剂(L-HV)	
		HM + 防爬剂(L-HG)	
	难燃液压液	含水液压液	高含水液压液(L-HFA)	水包油乳化液(L-HFAE)
				水的化学溶液(L-HFAS)
			油包水乳化液(L-HFB)	
			水—乙二醇(L-HFC)	
		合成液压液	磷酸酯液(L-HFDR)	
			氯化烃(L-HFDS)	
			HFDR + HFDS(L-HFDT)	
			其他合成液压液(L-HFDU)	

液压油黏度等级(牌号)　　　　　　表 1-10

黏度级(牌号)	40℃运动黏度(mm²/s)	ISO黏度级	黏度级(牌号)	40℃运动黏度(mm²/s)	ISO黏度级
10	9.00~11.0	VC10	46	41.4~50.6	VC46
15	13.5~16.5	VC15	68	61.2~74.8	VC68
22	19.8~24.2	VC22	100	90.0~110.0	VC100
32	28.8~35.2	VC32	150	135~165	VC150

②HM 液压油。HM 液压油采用深度精制的优质中性矿物油作为基础油,加入抗氧、抗磨、防锈、抗泡等多种配伍添加剂调配而成。HM 抗磨液压油较 HL 类具有突出的抗磨性。

HM 液压油性抗磨型液压油,适用于压力大于 10MPa 的高压和超高压的叶片泵、柱塞泵等。由于齿轮泵的载荷是平均分配的,局部区域的载荷不会很大,因此齿轮泵不一定都要求使用抗磨液压油。随着液压设备向着高压、高速、高效、小型化发展,对液压油的抗磨性提出了更高的要求,各国都普遍采用抗磨液压油,抗磨液压油已在液压油中占主要地位。

③HG 液压油。HG 液压油采用深度精制的矿物油作为基础油,加入多种相配伍的添加剂调制而成。具有良好的抗氧、抗磨、抗乳化、抗泡性和油性、防爬性等。适用于液压系统和导轨系统的润滑。

④HV、HS 液压油。HV 液压油采用精制矿油为基础油,加入抗剪切性能好的黏度指数改进剂、降凝剂,并加入与其相配伍的添加剂调配而成。适用于寒冷地区的工程机械液压系统和其他液压设备。

HS 液压油采用合成烃作为基础油,加入抗剪性能好的黏度指数改进剂和与其相配伍的添加剂配而成。适用于极寒地区的工程机械液压系统和其他液压设备。

3.液压油的使用

(1)保持液压油的清洁。在使用过程中,要防止外界杂质、水分、空气混入液压油中,否则将严重缩短液压油及液压元件的寿命。

（2）定期进行油样化验。在使用液压油初期,应当注意机械运转状况,定期进行油样化验,以判断其性能是否符合工程机械要求。

（3）液压油的更换。液压油在使用过程中会慢慢老化变质,表现出发臭,颜色变深、变黑,出现混浊沉淀,因此必须定期或按质换油。

①定期换油。不具备液压油分析条件时,应按工程机械使用说明书的规定定期换油。在一般条件下,工程机械在高级维护时更换液压油。

②按质换油。具备液压油分析条件时,应对在用液压定期进行取样化验。正常使用条件下,每两个月取样一次;工作频繁、环境恶劣时每月取样一次,按液压油的换油指标换油。

HL液压油、HM液压油指标已有规定（表1-11、表1-12）,其他液压油未见规定。

HL液压油换油指标（SH/T 0476—1992）　　　表1-11

项　目		指　标	试验方法
外观		不透明	目测
运动黏度变化率(40℃)(%)	≥	4～10	
色度变化(比新油)	≥	3	GB/T 6540
酸值(mgKOH/g)	≥	0.3	GB/T 264
ψ(水)(%)	>	0.1	GB/T 260
ω(机械杂质)(%)	>	0.1	GB/T 511

注:40℃运动黏度变化率 X:

$$X = \frac{V_1 - V_2}{V_2} \times 100\%$$

式中:V_1——使用中油的黏度实测值,mm²/s;
　　　V_2——新油黏度实测值,mm²/s;
　　　V_1,V_2——按 GB/T 265 测定。

EM液压油换油指标（SH/T 0599）　　　表1-12

项　目		指　标	试验方法
外观		不透明,浑浊	目测
运动黏度变化率(40℃)(%)	≥	+15 或 -15	GB/T 265 及注2
色度变化(比新油)(号)	≥	2	GB/T 6540
降(%)	>	35	GB/T 264 及注3
或酸值增加(mgKOH/g)	>	0.4	
ψ(水)(%)	>	0.1	GB/T 260
ω(正戊烷不溶物)(注1)(%)	>	0.1	GB/T 8526A 法
铜片腐蚀(100℃,3h)/级	>	2a	GB/T 5096

注:1. 允许采用 GB/T 511 方法,使用 60～90℃ 石油醚作溶剂测定试样机械杂质。

2. 40℃运动黏度变化率计算式同表4-1-7(参照 SH/T 0599)。

3. 酸值降低百分数(%)按下式计算:

$$X = \frac{X_1 - X_2}{X_2} \times 100\%$$

式中:X_1——新油酸值实测值,mgKOH/g;
　　　X_2——使用中油的酸值实测值,mgKOH/g。

(4)换油方法。

①首先更换液压油箱中的液压油。将液压油箱中的液压油放掉,并拆卸总油管,严格清洗液压油箱及滤油器。可先用清洁的化学清洗剂清洗液压油箱,待晾干后用新液压油冲洗,在放出冲洗油后再加入新液压油。

②起动内燃机,以低速运转,使液压泵开始动作,分别操纵各机构,靠新液压油将液压系统各回路的旧油逐一排出,排出的旧油不得流入液压油箱,直至总回油管有新油流出后停止液压泵转动。在各回路换油的同时,应注意不断向液压油箱中补充新液压油,以防液压泵吸空。

③将总回油管与液压油箱连接,最后将各元件置于工作初始状态,往液压油箱中补充新液压油至规定位置。

(5)油液不能混用。

不同品种、不同牌号的液压油不得混合使用。

4. 液压油的污染及防治

如前所述,液压系统故障大约有70%直接或间接与液压油污染有关。即便是新油,也有可能混入杂质,所以必须经过过滤后才可使用。

1)污染的来源

液压油的污染,一是液压油自身的变质而产生黏度或酸值等参数变化;二是外界杂质的侵入。

(1)液压油氧化。液压系统工作时,由于各种压力损失产生大量的热量,使液压油温上升,温度高时液压油易受氧化。这是因为液压系统内存有高压空气,液压油与空气中的氧接触,则造成液压油的氧化作用。氧化所生成的有机酸,使液压油中酸值增加,这将增加对金属的腐蚀作用。此外,氧化酸生成黏胶性质的不溶于液压油的渣状沉淀物,即漆类附着物,而可溶性氧化聚合物使液压油的黏度增大,并且高温氧化物有乳化作用,使液压油和水充当乳化剂。因此,氧化作用使液压油降低了抗乳化性能与抗磨损性能,所以液压油的氧化是其变质、污染的重要原因。

(2)液压油中混入水分与空气。由于吸水性,新液压油中存有0.005%~0.01%的水分。液压系统停止工作时温度下降,空气中的水汽结成水混入液压油中,若混入水分占0.05%~0.1%,可使液压油的透明度下降呈混浊状;若混入水分占0.2%~0.5%时,液压油变成白色;若混入水分占2%时,液压油变成乳黄色。

液压油混入水的后果是:液压油的蒸气压增高,容易出现气蚀;水蒸气夜间凝结成水滴或结露,腐蚀金属的表面,甚至使之穿孔;当液压油混入水分达1%时,液压油呈乳浊状,润滑性能下降;混入的水分对液压油的氧化起媒介作用;混入液压油中的水分和微细金属粉末生成不溶解的成分,从而污染液压油。

空气的混入除了加快液压油氧化作用外,还会引起液压系统噪声、气蚀、振动,促使油液变质,液压元件动作失灵。另外,液压油中的气体在高压下将受到绝热压缩,造成数百摄氏度以上的闪光高温,液压油被局部燃烧而产生积炭。

(3)颗粒污物混入液压油中。颗粒污物混入液压油中主要途径是:

在液压系统及液压元件的加工、装配、储藏、运输的过程中,型砂、切屑、磨料、焊渣、锈片、漆皮、纤维末等污物混入液压系统中。

在使用过程中,许多污物通过往复伸缩的活塞杆,液压油箱中流通的空气,溅落或凝结的水滴,流回液压油箱的回油等使液压油污染。

在工作过程中,液压系统还不断产生新的污垢,如阀、轴承、泵等磨损生成的金属磨屑;密封材料的磨损颗粒;过滤材料脱落的颗粒或纤维剥落的油漆碎片;O形密封圈、软管、密封材料等在液压油中溶解或生成的硬化杂质等。

空气中灰尘的混入。一般工业城市年降尘量约 $1g/10cm^2$,而施工现场的降尘量则高出数十倍或数百倍。在这类灰尘中有85%的颗粒超过 $10\mu m$(1/100mm),它们很容易通过液压系统的各部微小间隙进入液压油中。液压系统检修时更会有大量灰尘混入。

液压油含有的固体颗粒污垢中,金属颗粒约占75%,尘埃约占15%,其他杂质和氧化物、纤维、树脂质等约占10%,而1mg重的污垢大约含有100万个 $10\mu m$ 的颗粒,它们影响着液压系统的正常工作。

2)液压油污染后的危害

液压油污染严重时,液压系统工作性能变坏,经常出现故障,液压元件磨损加剧,寿命缩短,甚至产生破坏性故障,这些危害主要是由固体颗粒性污垢造成的。

对于泵类元件来说,污垢颗粒会使液压泵的滑动部分(如叶片泵中的叶片和叶片槽、转子端面和配流盘;齿轮泵中的齿轮端面和侧板、齿顶和壳体;柱塞泵中的柱塞和缸孔、缸体和配流盘、滑靴和料盘等)磨损加剧,缩短液压泵的使用寿命。

对于阀类元件来说,污垢颗粒会加速零件磨损而使阀芯卡紧、将节流孔和阻尼孔堵塞,从而使控制阀的性能变坏或动作失灵。

对于伺服阀来说,污垢颗粒会使阀芯与阀套间的摩擦力加大,这种摩擦将使伺服阀的滞后增加。油液中的污垢颗粒加快滑动面的磨损和节流棱边的磨损,使内泄漏加大,零点特性下降。污垢颗粒还会把阀芯卡死或把节流器堵塞从而造成事故。例如,当每100mL油液中尺寸为 $1\sim5\mu m$ 的颗粒超过 $25\sim500$ 万个时,伺服阀将完全丧失机能。

对于液压缸来说,污垢颗粒会加速密封件的磨损,使泄漏量增大。

这些污垢颗粒随着液压油在液压系统内的循环,导致液压元件早期磨损,泄漏增大。当油液中的污垢堵塞过滤器的滤孔时,还会使液压泵吸油困难,回油不畅,产生气蚀、振动和噪声。滤油器严重堵塞时,往往会因压力下降过大而将滤网击穿,完全丧失过滤能力,造成液压系统的恶性循环。

除了固体颗粒性污染的危害外,混入液压油的水分会腐蚀金属,使油液变质、结冰,促进细菌生成,使油液乳化。混入液压油中的空气会引起噪声、空穴、振动,响应变坏、爬行等。

污染物对液压元件的影响见表1-13。

3)液压油污染度等级

对于油液的污染,影响最严重的是油液中的固体颗粒。所以目前测定油液的污染度,通常多考虑油液中的固体颗粒。

(1)目测法。这是用肉眼直接观察油液污染程度的方法。由于人眼的能见度下限是 $40\mu m$,所以能观察出杂质的油液已是脏了,必须更换。这项检验通常首先进行,而且对于要求不高的液压系统,这种检验方法是有实用意义的。

污染物对液压元件的影响　　　　　　　表1-13

故障分类	产生故障的粒子种类	影响因素	影响大的污染物
黏附	固体	粒径D和间隙C	$1/3 < D < C$
磨料磨损	固体	粒径和相对硬度	相对硬度大,间隙小,在表面粒子直径较大
损伤(密封垫)	固体	粒径和相对硬度	油膜厚度大小
节流孔堵塞	固体、液体	粒径、附着性	大粒径
液压油的老化	固体、液体、气体	物理特性	水、铜、镍合金钢、中碳钢、铁、铝、锌的影响
气蚀	气体	油中(气体)溶解量	
腐蚀	固体、液体、气体	物理特性	$SO_2 + H_2O + O_2 \rightarrow H_2SO_4$

(2)滤纸试验法。把一滴用过的油滴在240目的滤纸上,滤纸在吸干这滴油后形成一种特定的形式,根据这种形式就能鉴别出油的污染程度。这是一种非常简便、有效的试验方法。几种典型的试验结果如图1-83所示。

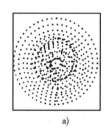 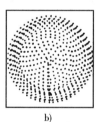 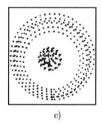 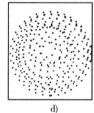

图1-83　油滴试验的说明

a)扩散性特别高,不溶性污物少,油滴中心一般是浅暗色,外圈不明显,油仍适用;b)扩散性高,不溶性的污物中等,油滴中心很淡,外部有个晕圈,油仍适用;c)外圈清晰,有一个分布均匀的暗色中心,油不适用;d)外圈很清晰,圈内呈均布的暗色,油滴颜色的浓度随污染而变,油不适用

(3)比色法。把一定体积油样中的污垢用滤纸滤出来,然后根据滤纸的颜色来判断油液的污染程度。这种方法的原理与滤纸试验法相同,只是此种方法需要有具体液压系统污染程度的经验,以作为比较的标准。为了克服局限性,可以从不同部位取油样,多做几次才能准确地反映实际情况。

(4)称重法。这是用滞留在滤纸上的污垢质量来表示油液污染程度的方法。让一定容积的油样通过微孔尺寸为$0.8\mu m$的预先称重的干燥滤纸,污垢被阻留在滤纸上。用溶剂洗掉滤纸上的油液,干燥后称重,测出质量差,即得污垢颗粒的质量。这种测定方法比颗粒计数法简单容易,但不反映颗粒的数目与尺寸分布。

(5)直观检测法。液压油污染严重时将发生混浊,有难闻的气味,可凭外观、气味、状态等判断油的污染程度,并采取相应的处理办法,见表1-14。

关于液压油污染度标准,各国现在还没有统一规定。

近年来,国际标准化组织(ISO)也草拟了污染度标准草案(表1-15),目前在各国试行。

液压油污染程度判定及处理　　　　　　　表1-14

外　观	气味	状　态	处理办法
色透明无变化	良	良	仍然可使用
透明但色变淡	良	混入别种油	检查黏度，若好可再使用
变成乳白色	良	混入空气和水	分离掉水分、或半、或全量换油
变成黑褐色	不好	氧化变质	全量更换
透明而有小黑点	良	混入杂质	过滤后使用、或半、或全理换油
透明而闪光	良	混入金属粉末	过滤后使用、或半、或全量换油

ISO/DIS 4406 固体污染物颗粒数量等级标准代码　　　　　　　表1-15

每100mL流体中的污染物颗粒数		等级代码	每100mL流体中的污染物颗粒数		等级代码
多于	多到		多于	多到	
8000000	16000000	24	1000	2000	11
4000000	8000000	23	500	1000	10
2000000	4000000	22	250	500	9
1000000	2000000	21	130	250	8
500000	1000000	20	64	130	7
250000	500000	19	32	64	6
130000	250000	18	16	32	5
64000	130000	17	8	16	4
32000	64000	16	4	8	3
16000	32000	15	2	4	2
8000	16000	14	1	2	1
4000	8000	13	0.5	1	0
2000	4000	12	0.25	0.5	0.9

注：样品污染浓度是由两个等级代码及中间的一个斜道组成：大于5μm的颗料总数的代码/大于15μm的颗粒总数的代码，如18/15、20/17等。

(6) 颗粒计数法。这是逐个测出油液中颗粒的尺寸和个数，用一定体积油液中所含各种尺寸颗粒的数目，即"颗粒尺寸分布"来表示油液污染程度的方法。

取被测油样(100±5)mg(油样应取自液压系统不同的部位2～3处。如伺服阀的进口、液压泵的进口和液压油箱底部等处)。然后用1～2倍的溶解剂稀释油液。把此溶液倒入试验装置漏斗，并充分搅拌使溶液达到均匀，然后用真空泵把稀释的溶液抽入到下部的容器中，中间经过0.5μm的过滤纸进行过滤，过滤后取下滤纸放到显微镜下，用带有格子的特殊显微镜观察，取污染严重的一块来验数。此种方法工作量大，并且很费时间。

(7) 自动颗粒计数法。这种方法是用自动颗粒计数器测定油液中污垢颗粒的数目与尺寸。自动计数器按其工作原理可分为光电式、电学和超声波式。例如，光电式自动颗粒计数器的原理是让油液穿过照射光敏元件的光束而流动,当颗粒掠过光束时,光敏元件即发出电脉冲信号。脉冲的大小与颗粒尺寸成正比,脉冲的个数等于掠过光束的颗粒个数。把脉冲信号记录下来进行必要的数据处理,就可以把测定结果以每升油样中含有各种尺寸范围的颗粒数目显示出来。这种方法是于20世纪60年代中期开始应用的,其优点是迅速、准确、重复精度高,测定时间短,可以对工作着液压系统中的油液进行"在线"测定。其缺点是需要专用设备,价格昂贵,应用不普遍。

5. 液压油的过滤

对液压油进行过滤是控制液压油中颗粒性污染的有效办法。过滤介质有两种基本类型:表面型和深度型。它们对污物滤除特性的比较,如图1-84所示。但是也有一些过滤介质同时具有这两种基本类型的特性。

表面型过滤介质就是通常所谓的绝对式或筛网式过滤器,其特点是过滤介质具有均匀的标定小孔。这种过滤器可以绝对地滤除所有大于其小孔尺寸的污物。

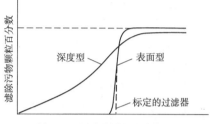

图1-84 过滤介质的滤除特性

由于污物是积聚在过滤介质的表面上,因此称为表面型过滤器。这种滤油器很容易被污物塞满,因此容纳污物的能力较低。但它的机械强度较高,脱落的可能性较小,并且可以清洗反复使用。表面型过滤器的滤芯一般用金属丝编成。

深度型过滤介质是同随意排列的金属丝、纤维或颗粒状物构成的一种具有相对深度的物质,污染的油液必须流过很多长而曲折的不同截面的通道,无论是颗粒型的还是纤维型的污物都会被吸收或挤入过滤介质的缝隙中。它具有滤除细颗粒小污物的能力和较大的容纳污物的能力,可以把纤维留阻在它的长长的迷宫似的通道中,压力下降较低而且价格不高。但是这种过滤介质不能清洗,振动和压力脉动都可能迫使污物穿过过滤器,在大的压差下可能毁坏或破裂,过滤器的尺寸大而笨重,而且过滤介质有脱落的倾向。它一般用烧结金属、树脂浸渍过的纸张、编织的纤维等材料制成。

有条件时,应同时采用两种过滤装置,特别是重要的液压系统。先用一个深度型前置过滤器滤除大量污染,随后再用一个表面型过滤器滤除全部有害尺寸的颗粒。

滤油器的安装位置对液压油的过滤好坏有很大影响。但滤油器的安装位置取决于液压系统中最敏感的元件、它的敏感程度如何、它在什么位置以及通过此元件或油路的流量。例如,回油路中的某个阀对污垢特别敏感,而其他阀的敏感程度一般,则应直接在此阀前方装一滤油器。如流经此滤油器的流量不多,对油泵来说不足以保持油液的清洁,则应在回油路上再装一个过滤精度较差的滤油器。如所有的阀敏感程度都差不多,而各工作元件产生的屑末又不太多,则在压油管路上的油泵之后装一个滤油器即可。因此滤油器的安装位置一般情况下有三种,即安装在吸油管路、压油管路、回油管路上。滤油器安装在吸油管路上,可以防止所有液压元件被堵塞,但增大了吸油管路的阻力并使泵工作变坏。若安装在油泵后面的压油管路中,滤油器经常受到高压油的作用,要求滤油器的强度和刚度都比较大,这将会引起滤油器质量增加。若将滤油器安装在回油管路中,则所有液压元件都有被堵塞的危险。因此,滤油器安装的位置视具体条件而定。

在实际工作中,要达到最佳过滤,应做到以下几点:

(1)采用适当过滤,滤芯能保持的清净度应是液压系统可靠性与费用的最佳关系所要求的。

(2)采用优质液压油。

(3)尽量降低污物侵入率。

(4)对滤油器及液压系统进行及时维护。

6. 液压油的管理

1)液压油的存放

液压油宜存放在清洁、通风良好的储存室内。没打开的液压油桶不得已存放室外的话,则应遵守以下的规则:

(1)液压油桶宜以侧面存放且借助木质托架或滑行架保持底面洁清,以防下部锈蚀。绝不可以将它们直接放在特别易腐蚀金属的含有熔渣的地面上。

(2)绝不可在液压油桶上边切一大孔或完全去掉一端。因为即便孔被盖上,污染的概率也大为增加。同理,把一个敞口容器沉入油液中吸油也是一种不正确的做法。因为这不仅有可能使空气中的污物侵入,而且吸取容器本身就有可能是脏的。

(3)液压油桶以其侧面放置时,用水龙头式开关发放油液。水龙头下要备有集液槽。另一办法是,液压油桶直立于木质垫板上时,借助于手动泵吸取油液。

(4)如果由于某种原因,液压油桶不得不暂时直立存放室外时,则应高出地面且应倒置(即桶盖作底)。如不这样,则应把桶覆盖上,以使雨水不能聚积在四周和浸泡桶盖。应当注意,放置在露天的液压油桶会受到昼热和夜冷的影响,这将导致膨胀和收缩。白天受热而压力稍高于大气压,夜晚变冷又稍有真空的作用。这种压力变化可以达到足以产生"呼吸"作用的程度,从而使得空气在白天被压出油桶,在夜晚又吸入油桶。因此"呼吸"作用,使一些水分被吸入到桶内,且经过一段时间后,桶内就可能积存相当多的水。

(5)用来分配液压油的容器、漏斗及管子等必须保持清洁,并且专用。这些容器要定期清洗,并用不起毛的棉纤维拭干。

(6)当液压油存放在大容器中时,冷凝水和灰尘结合到一起,时间长了储油箱底形成一层淤泥。所以,储油箱底应是碟形的或倾斜的,并且设有排泄塞,定期地排除掉沉渣。

(7)要对所有储油器进行常规检查和漏损检验。

2)液压油使用中存在的问题

我国工程机械液压系统用油水平较低,其原因归纳起来大致有如下几点:

(1)有些从事液压系统设计、使用和维修的部门及人员,缺乏液压油方面的知识,往往不知道不同性能参数的液压系统应使用不同性能的液压油。在选用液压系统用油时,只考虑黏度大小和价钱是否便宜,而对于抗氧、防锈和抗磨等性能对液压元件的影响不予考虑。更有甚者,有些液压元件的生产单位在进行液压元件性能试验时,不论是压力高低、规格大小,都用同种油液进行性能试验,连黏度的大小对液压元件、效率性能的影响都不考虑,结果不能真实地反映出液压油的性能参数对液压元件质量的影响。

(2)有些从事液压设计和使用、维护的人员,由于不了解国内液压油新品种,或因国产液压油的品种还不齐全、没有相应的液压油供应,故简单地选用机械油。与此同时,投入市场使用的液压油,质量不稳定,有的性能较差,以致和机械油相比没有多大区别,进而认为采用机械油也很安全。

(3)设备管理存在问题,如液压系统补充新油时使用价格便宜的机械油,甚至把回收的旧油不加任何处理而继续使用。

第三节 电气基础知识

一、概述

电气系统是装载机的重要组成部分,它的主要功用是起动柴油机以及完成照明、信号指示、仪表监测等工作。电气系统的好坏,直接影响到装载机的工作可靠性以及行车、作业安全等。随着电子技术的发展,装载机上所装用的电气设备会越来越多,电气设备的功能会越来越强。对实现操作自动化,提高装载机操作安全性、舒适性、经济性以及提高作业效率等方面,起着愈来愈重要的作用。本节主要介绍装载机常用的电气元件。

1. 电气系统的组成

装载机电气系统主要由以下 6 部分组成:

(1)电源部分:包括蓄电池、交流发电机等。

(2)起动装置:主要包括起动机、钥匙开关、起动继电器等。

(3)照明信号设备:主要包括各种照明和信号灯以及喇叭、蜂鸣器等。

(4)仪表监测设备:包括各种油压表、油压传感器、冷却液温度表、冷却液温度传感器、电流表、气压表、气压传感器以及低压报警装置等。

(5)电子监控设备:包括微处理器、显示器、电磁阀、滤波及放大电路等。

(6)辅助设备:包括点烟器、电动刮水器、暖风机以及空调等。

2. 电气系统的特点

装载机电气系统具有低压直流电源供电、电气线路采用单线制、负极搭铁等特点。

(1)低压。装载机电气系统的额定电压为 12V DC 或 24V DC,24V 电气系统采用两只 12V 蓄电池串联。第一只蓄电池的正极与电源总开关(蓄电池继电器)相接,负极则与第二只蓄电池正极相连,第二只蓄电池的负极搭铁。钥匙开关控制整个电源电路的通断。打开钥匙开关,蓄电池继电器闭合,电气系统的电源接通,即可向用电设备供电。

(2)直流。柴油机的起动靠起动机。它是直流串激式电动机,必须由蓄电池供电,而向蓄电池充电也必须用直流电,这就决定了装载机电气系统为直流电气系统。

(3)单线制。所有用电设备均并联:即从电源到用电设备只用一根导线连接,而用装载机车架、柴油机等金属机体作为另一公共"导线"。

由于单线制具有导线用量少、线路清晰、安装方便等优点,因此被广泛采用。采用单线制时,凡与金属机体相连接的导线叫"搭铁线"。若蓄电池的负极与车架等金属机体连接就称为"负极搭铁";反之称为"正极搭铁"。我国标准规定为负极搭铁。

二、蓄电池

蓄电池是一种化学电源(也称为可逆直流电源)。它能把电能转变为化学能储存起来

(即充电);供电时,再将化学能转变为电能释放出来(即放电)。

蓄电池的种类很多,用于装载机上的蓄电池必须能满足起动柴油机的需要,即在短时间(一般为5~10s)内,可供给起动机强大的起动电流(一般为200~600A)。这种蓄电池通常称为起动型蓄电池。根据蓄电池内的电解液不同,可分为酸性蓄电池和碱性蓄电池。由于铅蓄电池的结构简单、内阻小、起动性能好且价格低廉,因此在装载机上得到了广泛应用。它的功用为:

(1)起动柴油机时,向起动机提供强大的电流(一般为200~600A)。

(2)在发电机不发电或电压较低时,向用电设备供电。

(3)当柴油机转速过低或用电设备同时接入过多、发电机超载时,协助发电机向用电设备供电。

(4)蓄电池存电不足,而发电机负载又较小,发电机电压超过蓄电池的电压时,可将发电机的电能转变为化学能储存起来。

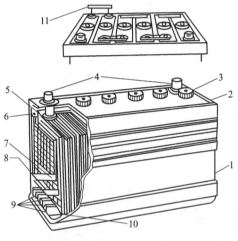

图1-85 铅蓄电池
1-外壳;2-密封膏;3-加液孔塞;4-接线柱;5-负极板;6-同级连接片;7-隔板;8-正极板;9-极板支架;10-沉淀池;11-连条

此外,蓄电池还具有稳定电源系统电压的作用,从而保护了用电设备。因此,蓄电池技术状况的好坏,直接影响着装载机电气设备的正常工作。

1. 蓄电池的构造

蓄电池的结构如图1-85所示,它主要由极板、隔板、外壳、电解液、连条及极桩等组成。

(1)极板。极板是蓄电池的核心部分,它主要由栅架及铅膏涂料(活性物质)等组成,其形状如图1-86所示。

栅架的结构如图1-87所示,其材料多为铅锑合金。加锑的目的是为了提高栅架的浇铸性能和机械强度,锑的含量一般为5%~7%。铅锑合金的耐电化学腐蚀性能比纯铅差,锑容易从正极板栅架中析出,引起蓄电池的自放电和栅架的膨胀、腐烂、缩短蓄电池的使用寿命。因此,国外已采用铅锑合金栅架(含锑2%~3%)和铅钙锡合金栅架,国内一些制造厂商也已经采用低锑栅架或正在寻求降低锑含量的途径。

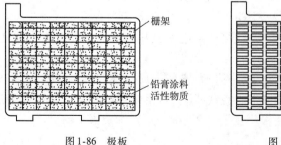

图1-86 极板　　　　图1-87 栅架

铅膏由铅粉与一定密度的稀硫酸混合而成。为了提高负极板上活性物质的多孔性,防止使用过程中负极板的钝化和收缩,常在负极板的铅膏中加入少量的添加剂,同时在活性物质中还加入天然纤维和合成纤维,以防止活性物质脱落和裂纹。

在栅架上涂上铅膏(PbO),经过化成处理(正极板上的活性物质 PbO 和 Pb 的转化过程被称为化成处理,也就是将涂铅膏后的生极板首先经过热风干燥,然后再置于稀硫酸中进行充电和保护性放电的过程)便形成了极板。极板分为正极板和负极板两种。经过化成处理的铅膏转变成二氧化铅(PbO_2)的正极板,呈深棕色;转变成海绵状的纯铅(Pb)的为负极板,呈深灰色。由于正、负极板上的二氧化铅及铅在蓄电池充放电过程中会转变,所以通常把它们称为"活性物质"。蓄电池的充、放电过程中,电能和化学能的相互转换就是依靠极板上的活性物质和电解液中硫酸的化学反应来实现的。

把正、负极板各一片浸入电解液中,就可获得 2V 的电动势。但是为了增大蓄电池的容量,通常将一定片数的正极板和负极板分别用带有极桩的横板焊在一起,制成极板组,如图 1-88 所示。装配时,正、负极板相互交错,并在正、负极板间插入隔板,组成一体,构成单格电池体,如图 1-89 所示。

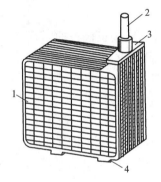

图 1-88 铅蓄电池极板组
1-极板;2-极桩;3-横板;4-凸筋

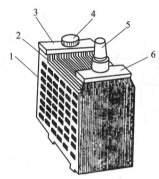

图 1-89 单格电池体
1-负极板组;2-隔板;3-横板;4-负极桩;
5-正极桩;6-正极板组

在每个单格电池体中,正极板的数量比负极板少一片,其目的是为了减轻正极板的翘曲和活性物质的脱落。

极板的构造是影响蓄电池容量的重要因素,极板面积越大,片数越多,同时与硫酸起化学反应的活性物质越多,容量则越大;极板越薄,活性物质的多孔性越好,电解液渗透越容易,容量则越大。

国产铅蓄电池的极板面积已统一,每对极板的容量为 7.5A·h(指 20h 放电率)。

例如:6-Q-195 蓄电池的极板数为 $195 = 7.5(N-1)$,$N=27$。即该蓄电池的单格极板数为 27,其中正极板 13 片,负极板 14 片,这就是常说的装载机用 27 片蓄电池。

(2)隔板。隔板的作用是防止正、负极板间的短路。它插在正、负极板之间,因此要求隔板耐酸、绝缘、抗氧化,并具有多孔性,以便电解液能顺利通过。

隔板的材料有木质、微孔橡胶、微孔塑料、玻璃纤维和纸板等。由于塑料纤维隔板、微孔塑料隔板和浸树脂隔板等具有孔率高、孔径小、薄而软、生产成本低和生产效率高等优点,因而得到了广泛应用。

隔板的形状是一面带槽,另一面光滑。安装时,隔板上带沟槽的一面应面向正极板,以保证电化学反应中正极板对电解液的需求,且便于正极板上脱落的活性物质顺利落入壳底。

(3)外壳。蓄电池的外壳是用来盛放极板组和电解液的。外壳应耐酸、耐热、耐震,故多用硬橡胶制成。近年来,由于工程塑料发展很快,用它来作蓄电池外壳不但耐酸、耐热、耐震,而且外形美观,透明度好,因而塑料外壳已成为发展趋势。

蓄电池外壳为整体式结构,壳内由间壁分成三个(或六个)互不相通的单格,每个单格的盖中间都有加液孔,可用来检查液面高度和测量电解液的比重。加液孔平时用螺塞拧紧,螺塞中心的通气孔应保持畅通,使蓄电池化学反应放出的气体能随时逸出。

外壳内的底部有凸棱,用以增加壳体强度及支撑极板组,凸棱间的空隙用来积存极板上脱落的活性物质及杂质,以防止极板短路。

(4)电解液。蓄电池的电解液是由纯硫酸和蒸馏水按一定比例配制而成的。一般工业用硫酸和非蒸馏水都含有较多杂质,绝对不能加入蓄电池中。否则,将导致蓄电池自行放电,并容易损坏极板。因此必须用专用硫酸和蒸馏水。

电解液的密度对蓄电池的工作有着重要影响。经验表明,电解液的密度一般应为 $1.24 \sim 1.39 g/cm^3$(15℃时),具体数值随地区环境温度而定。

(5)连条与极桩。每个单格电池都要正负两个极桩,连接正极板的叫正极桩;连接负极板的叫负极桩。一个单格电池的负极桩与另一个单格电池的正极桩用铅质连条串联起来。蓄电池两端剩余的极桩,分别作为整个蓄电池的正负极。

2. 蓄电池的型号

蓄电池的型号一般都标注在外壳上,其型号由 5 部分组成:

(1)第一部分是阿拉伯数字,表示该电池总count由几个单格电池组成。

(2)第二部分表示蓄电池用途,用汉语拼音字母表示。例如,Q 表示起动型蓄电池,为起动型的"起"字的汉语拼音的第一个字母"Q"。

(3)一般电池第三部分表示极板类型,可略去不用。极板较特殊的要用汉语拼音字母表示。例如,A 表示干荷电蓄电池。

(4)第四部分为 20h 放电率时的额定容量(即 A·h),以阿拉伯数字表示。

(5)第五部分指特殊性能,用汉语拼音字母表示。例如,G 表示高起动率蓄电池。

型号举例:

6-Q-195 表示是由 6 只单格电池组成,额定电压为 12V,额定容量为 195A·h 的起动型铅蓄电池。

3. 蓄电池的工作原理

蓄电池的工作原理就是化学能与电能的相互转化。在外加电场作用下,将电能转化为化学能储存起来的过程叫充电过程;在使用时,将化学能转变为电能供用电设备使用的过程叫放电过程。铅蓄电池的充电过程和放电过程是一种可逆的电化学反应。也就是说,在接通用电设备时,蓄电池可以放出电能;放电后还可以以相反方向充进电流,使极板上的活性物质恢复原状,保持蓄电池有足够的电动势。

在充足电的蓄电池中,正极板上活性物质是二氧化铅,负极板上的活性物质是纯铅。但在放电后,两极板上的活性物质都转变为硫酸铅。若略去中间的化学反应,蓄电池充放电过程可用下列方程式表示:

$$PbO_2 + Pb + 2H_2SO_4 \rightleftharpoons 2PbSO_4 + 2H_2O$$

上式还说明:在放电过程中,电解液中的硫酸不断减少,水不断地增加,致使电解液的密度减小;在充电过程中,电解液中的水不断减少,硫酸不断增加,致使电解液的密度增大。

4. 蓄电池的充电

新蓄电池或修复后的蓄电池在使用之前必须进行初充电;使用中的蓄电池要进行补充充电。为了使蓄电池保持一定容量和延长其使用寿命,也需定期进行充电。

(1)充电设备。蓄电池是直流电源,必须用直流电充电。车用直流充电电源为发动机驱动的交流发电机;室内充电则多采用硅整流电源和可控硅整流电源等。

(2)充电种类。

①初充电。对新蓄电池或更换极板的蓄电池的首次充电,称为初充电。初充电对于蓄电池使用性能影响极大。初充电的特点是充电电流小、充电时间长。使用之前的新极板,不可避免地会受到潮湿空气的氧化,电阻一般较大,而采用小电流可以防止温升过高。初充电的步骤如下:

a. 首先按规定加注一定密度的电解液(一般为 $1.25 \sim 1.285 g/cm^3$),注入电解液后应静置 $3 \sim 6h$,并将液面调整至高出极板上缘 15mm 左右。

b. 将蓄电池正、负极板分别与充电机正、负极相接进行充电。初充电一般分为两个阶段进行。第一阶段充电电流约为额定容量的 1/5,充电 $25 \sim 35h$,至电解液中放出气泡,单格电池端电压达 2.4V 为止。第二阶段将充电电流减半,继续充电到电解液产生大量气泡(沸腾),相对密度和电压在 $2 \sim 3h$ 内不再上升为止。

c. 初充电临近结束时,应测量电解液的相对密度,如果不符合规定,应用蒸馏水或相对密度为 $1.40 g/cm^3$ 的电解液进行调整。调整后,应充电 2h,再次测量其相对密度。

初充电过程中可能会出现温升过高的现象,当温度超过 45℃ 时,应将充电电流减半,超过 50℃ 时,应暂停充电。待温度降低后再进行充电。初充电的持续时间为 $40 \sim 60h$。

②补充充电。铅蓄电池在使用中,如因充电电压低或充电机会少等原因致使蓄电池容量下降时,应及时进行补充充电。蓄电池容量不足的迹象有:

a. 起动无力(并非机械故障)。

b. 电喇叭声响低弱、灯光较平时暗淡。

c. 电解液相对密度下降到 $1.2 g/cm^3$ 以下。

d. 冬季放电超过 25%(指额定容量),夏季放电超过 50%。

补充充电通常也分两个阶段进行。第一阶段是以额定容量 1/10 的电流值充电约 10h 至电压为 $2.3 \sim 2.4V$;第一阶段将电流减半,充至端电压 $2.5 \sim 2.7V$ 并在 $2 \sim 3h$ 内保持不变,电解液相对密度不再增大,电池内产生大量气泡为止。补充充电一般需 $13 \sim 17h$,并需对电解液密度进行测量和调整(必要时),方法与初充电相同。

③去硫化充电。蓄电池发生硫化故障后,内阻将显著增大,充电时温升也较快。硫化严重的蓄电池一般无法修理。硫化较轻时,可以采用去硫充电的方法加以消除:首先倒出原有的电解液,并用蒸馏水冲洗两次,然后在加入蒸馏水至高出极板约 15mm。接通充电电路,将电流调节到初充电的第二阶段电流值进行充电。当密度上升到 1.15 以上时,可用蒸馏水冲淡,继续充电至密度不再增加后,进行放电。如此反复几次,最后参照初充电方法充电并调整电解液相对密度至规定值,即可使用。

充电的种类除以上3种外,还有间歇过充电。间歇过充电主要用于长期放置不用的铅蓄电池的定期(一般每隔30~60天)充电,目的是为了防止极板硫化。

应当说明:近年来,我国快速充电技术发展很快,已成功地研制并生产了可控硅快速充电设备,新蓄电池初充电一般不超过5h,旧蓄电池的补充充电只需0.5~1.5h,大大缩短了充电时间,提高了效率。

5. 铅蓄电池的使用、维护与储存

(1)铅蓄电池的使用与维护。

为了使铅蓄电池经常处于完好状态,延长其使用寿命,应对使用中的蓄电池进行如下维护:

①观察蓄电池外壳有无电解液漏出。

②检查蓄电池在车辆上安装是否牢靠,导线接头与极桩连接是否紧固。

③清除蓄电池表面的灰尘、油泥等,冲洗蓄电池盖上的电解液,疏通加液孔盖上的通气孔,清理极桩和导线接头上的氧化物。

④定期检查和调整电解液密度及液面高度。

⑤经常检查蓄电池放电程度,超过规定值时,应立即补充充电。

(2)冬季使用蓄电池的注意事项。

冬季使用铅蓄电池时,应特别注意保持其充足电状态,以免电解液密度降低而结冰,导致壳体破裂、极板弯曲和活性物质脱落等故障。电解液密度和冻结温度的关系见表1-16。

电解液密度与冻结温度的关系 表1-16

电解液密度(g/cm^3)	1.10	1.15	1.20	1.25	1.30	1.31
冻结温度(℃)	-7	-14	-25	-50	-66	-70

冬季电解液,应在保证不结冰的前提下尽可能采用偏低的密度,一般应不大于1.285g/cm^3。补充蒸馏水时,应在蓄电池充电前进行,这样可使水能较快地与电解液混合,减少冻结的危险性。由于冬季蓄电池的容量降低,因此冷发动机在起动前最好能先进行预热,并且每次接通起动机的时间不得超过5s。两次起动的时间间隔不应少于15s。

(3)铅蓄电池的储存。

暂不使用的蓄电池可进行湿储存,进行湿储存的方法是先将蓄电池充足电,密度达到1.285g/cm^3,液面至正常高度,密封加液孔盖上的通气孔后,放置在室内暗处。湿储存的时间不宜超过6个月,期间应定期检查,如果容量降低25%,应立即补充充电。再次使用前,也应先充足电。存放期长的铅蓄电池,最好采用干储存的方法。先将蓄电池以10h(或20h)放电率放电,倒出电解液,用蒸馏水多次冲洗至无酸性,晾干后旋紧加液孔盖,密封储存。重新使用前,以新蓄电池的方法进行处理。

干荷电铅蓄电池,它与普通铅蓄电池的主要区别是极板组在干燥状态的条件下能够长时间地保存制造过程中得到的电荷。所以,干荷电铅蓄电池在规定的保存期(一般为两年)内如需使用,只要加入符合规定密度的电解液,搁置15min,调整液面高度至规定值后,不需进行初充电即可使用。

干荷电铅蓄电池之所以具有干荷电性能,主要在于负极板的制造工艺与普通铅蓄电池不同。正极板的活性物质——PbO_2化学活性比较稳定,其荷电性能可以长期保持。而负极板上的活性物质——海绵状铅,由于表面积大,化学活性高,容易氧化,所以要在负极板的铅膏中加入松香、油酸、硬脂酸等防氧化剂,并且在化成过程中有一次深放电循环或进行反复的充电、放电,使活性物质达到深化。化成后的负极板,先用清水冲洗后,再放入氧化剂溶液(硼酸、水杨酸混合液)中进行浸渍处理,让负极板表面生成一层保护膜,并采用特殊干燥工艺(干燥罐中充入惰性气体或抽真空),这样即可制成干荷电极板。

三、交流发电机及其调节器

1. 交流发电机的结构

目前,国内外生产的交流发电机型号很多,但其基本结构相同。即都是由三相同步交流发电机和六只硅整流二极管构成的三相桥式全波整流器两部分组成。交流发电机中的转子是用来建立磁场的,定子是用来产生交流电势的。交流发电机的结构如图1-90所示。

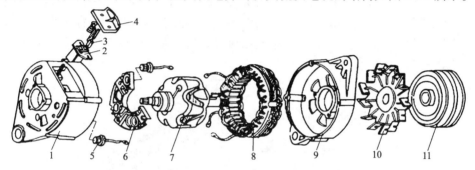

图1-90 交流发电机的分解图

1-后端盖;2-电刷架;3-电刷;4-电刷弹簧压盖;5-硅二极管;6-散热板;7-转子;8-定子总成;9-前端盖;10-风扇;11-皮带轮

(1)转子。转子由两块爪极、激磁绕组、轴和滑环等组成。两块爪极各具有数目相等的鸟嘴形磁极。目前,国产交流发电机多为六对磁极,国外有四对和五对的。两块爪极压装在转子轴上,在两对爪极的空腔内装有导磁用的铁芯,称为磁轭,其上有激磁绕组。激磁绕组的两端分别焊在两个彼此绝缘的滑环上。滑环与装在发电机后端盖上的炭刷相连。当炭刷与电源接通时,便有电流通过激磁绕组而产生磁场。使得一块爪极磁化成 N 极,另一块爪极则磁化为 S 极,从而形成了六对相互交错的 N、S 磁极。

(2)定子。定子又称为电枢,其作用是产生交流电动势。它由铁芯和三相绕组组成。定子铁芯由相互绝缘的内圆带槽的环状硅钢片叠成。定子槽内有三对绕组,做星形连接。三相绕组中产生的电动势大小(指有效值)相等,相位上互差120°(电角度)。

(3)整流器。交流发电机的整流器,由六只硅二极管连接成三相桥式整流电路。二极管的外形与表示符号如图1-91所示,其引线和外壳分别为正极和负极。

目前,国内外采用的交流发电机均为负极搭铁。压装在后端盖上的二极管,其引线为管子的负极,俗称负极管子,壳体上涂有蓝色或黑色标记。由于这三只管子压装在后端盖的三个孔中,所以它的外壳(二极管的正极)和发电机的外壳接在一起成为发电机的负极(搭铁极);另三只二极管压装在铝质的元件板上,其引线为正极,俗称正极管子,管底打有红色标记。由于三只管子的外壳(负极压装在元件板上的三个孔中)和元件板接在一起成为发电机的正极,经螺栓引至后端盖的外部作为发电机的火线接线柱,标记"＋"或"电枢"。

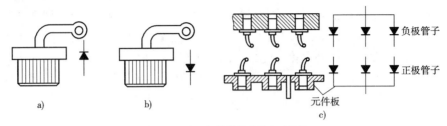

图 1-91 硅二极管的外形及表示符号

a)后端盖上的负极管子；b)元件板上的正极管子；c)硅二极管安装示意图

(4)前、后端盖。前、后端盖是由非导磁材料铝合金制成的，漏磁少，并具有轻便，散热性能好等优点。在后端盖内装有电刷架和电刷。目前，国产交流发电机的电刷有两种结构，一种是电刷的拆装和更换在发电机外部进行，如图1-92a)所示；另一种是电刷的拆装和更换在发电机内部进行，如图1-92b)所示。绝缘电刷的引出线接到发电机后端盖上的磁场接线柱（标记为"F"或"磁场"）上。搭铁电刷的引出线用螺钉固定在后端盖上（标记为"－"）。

在发电机的后端盖上有进风口，前端有出风口。当皮带轮与风扇一起旋转时，就使空气高速流经发电机的内部进行冷却。

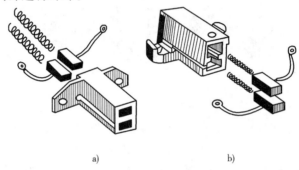

图 1-92 电刷架的结构

a)外部拆装；b)内部拆装

由于装载机的工作环境恶劣，各种泥浆、灰砂、污水等会从后端盖的通风口侵入发电机的内部，使电刷与滑环接触不良，磨损加剧，或使其他零部件受到腐蚀。因此，一些装载机用发电机采用封闭型交流发电机（即在端盖上无通风口），但封闭式交流发电机绕组散热比较困难，所以发电机的尺寸比普通型大。为了加强散热，有的封闭型交流发电机的前、后端盖上制有很多散热筋，以增加散热面积；有的则装有风扇，加速发电机表面空气的流通，使发电机内部产生的热量传导到外壳后能很快散去，以降低发电机内部的温度。

2. 交流发电机的工作原理

(1)发电原理。交流发电机的工作原理如图 1-93 所示。发电机的三相定子绕组按一定规律分布在发电机的槽中，彼此相差120°电角度。交流发电机的工作过程为：发电机皮带轮带动转子转动，转子爪极的磁力线由转子的 N 极出发，穿过转子与定子之间很小的气隙进入定子铁芯，最后又经过空气隙回到相应的 S 极，并通过磁轭构成了磁回路。转子磁极成鸟嘴型，可使定子绕组感应的交

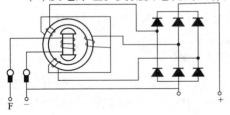

图 1-93 交流发电机的工作原理图

流电动势近似于正弦曲线的波形。

交流发电机的工作过程为:发电机皮带轮带动转子转动,转子爪极的磁力线由转子的 N 极出发,穿过转子与定子之间很小的气隙进入定子铁芯,最后又经过空气隙回到相应的 S 极,并通过磁轭构成了磁回路。转子磁极成鸟嘴型,可使定子绕组感应的交流电动势近似于正弦曲线的波形。

当转子旋转时,由于定子绕组与磁力线有相对的切割运动,所以在三相绕组中产生频率相同,幅值相等相位互差120°电角度的正弦电动势 e_A、e_B、e_C。其波形如 1-94 图所示。三相绕组中电动势的瞬时值方程式为:

$$e_A = \sqrt{2}E_\Phi \sin\omega t$$
$$e_B = \sqrt{2}E_\Phi \sin(\omega t - 120°)$$
$$e_C = \sqrt{2}E_\Phi \sin(\omega t - 240°)$$

式中:E_Φ——每相绕组电动势的有效值;

ω——电角速度,$\omega = 2\pi f = 2\pi pn/60$;

t——时间,s。

每相绕组电动势的有效值为:

$$E_\Phi = 4.44 K f N \Phi$$

式中:K——绕组系数,交流发电机采用集中绕组,$K=1$;

f——感应电动势的频率,Hz;

N——每相绕组的匝数;

Φ——每极磁通,Wb。

由上式可知,交流发电机定子绕组内感应电动势的大小与每相绕组串联的匝数以及感应电动势的频率成正比。即定子绕组匝数越多、转子转速越高,绕组内感应电动势就越高。

(2)整流过程。定子绕组中所感应出的交流电,要靠硅二极管组成的整流器改变为直流电。可见,硅二极管是交流发电机的关键元件。

硅二极管具有单向导电的特性,当二极管外加电压为正向电压时(即二极管的正极电位高于负极电位),管子呈低电阻,处于"导通"状态;而当外加电压为反向电压(即正极电位低于负极电位),管子呈高电阻,处于截止状态。利用硅二极管的这种单方向导电的特性,就可组成各种形式的整流电路,把交流电变为直流电。在交流发电机中,六只硅二极管组成了三相桥式全波整流电路,把交流电变为直流电。在交流发电机中,六只硅二极管组成了三相桥式全波整流电路。其中,三个正极管子(D_1、D_3、D_5),它们的负极连接在一起,在某一瞬间正极电位最低的管子导通。而三个负极管子(D_2、D_4、D_6),其正极连接在一起,在某一瞬间,负极电位最低的管子导通。根据上述原则,其整流过程如下:

在 $t=0$ 时,$u=0$,U_B 为负值,U_C 为正值,则二极管 D_5、D_4 处于正向电压作用下而导通。电流从 C 相出发,经 D_5、负载、D_4 回到 B 相构成回路。由于二极管内阻很小,所以此时 B、C 之间的线电压都加在负载上。

在 $t_1 \sim t_2$ 时间内,A 相电压仍最高,而 B 相电压最低,D_1、D_4 处于正向电压而导通,A、B 之间的线电压都加在负载上。

在 $t_2 \sim t_3$ 时间内，A 相电压仍最高，而 C 相电压变为最低，D_1、D_6 导通，A、C 之间的线电压加在负载上。

在 $t_3 \sim t_4$ 时间内，D_3、D_6 导通。

依此类推，在负载上得到一个比较平稳的直流脉动电压，其电压波形如图 1-94 所示。

有的交流发电机（如 6135 型柴油机用发电机）带有中心轴头，它是从三相绕组的中性点引出来的，其接线柱的标记为"N"。中心点对发电机外壳（即搭铁）之间的电压 u_N（称为中性点电压）是通过三个负极二极管整流后得到的直流电压，故等于发电机电枢接线柱对外壳之间电压的一半。即：

$$u_N = u/2$$

中性点电压一般用来控制各种用途的继电器（如磁场继电器）及充电指示灯等。

(3) 励磁方式。交流发电机也像并激发电机一样，在不接外电源的情况下也能自激发电，但转速要足够高才行。其自激过程如下：由于交流发电机转子的爪极中存有一定剩磁，当转子以一定转速旋转时，在定子的三相绕组中便产生了感应电动势，并经二极管整流后通过电刷和滑环加到磁场绕组上，于是磁场绕组中便有电流通过，磁场因此而加强，使定子绕组交变电动势进一步提高。这将又使磁场进一步加强，如此相互促进，使发电机电动势很快升高。但不同的是，当加在硅整流二极管的正向电压小于其死区电压（约

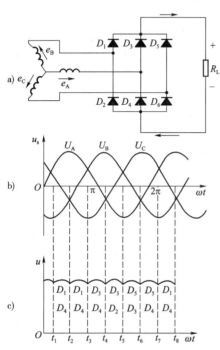

图 1-94 三相桥式整流电路中的电压、电流波形
a) 电路；b)、c) 波形

0.6V）时，由于二极管呈现较大的电阻不能导通，再加上它的剩磁又比较弱，所以发电机在低速运转时不能建立电压，而只有在较高转速时，发电机的电压才能很快上升。

为了克服交流发电机在低速时不能很快建立电压的缺点，在发电机转速较低、发电机电压低于蓄电池电压时，由蓄电池通过钥匙开关供给磁场电流，进行他激，使电压很快上升。发电机在 1000r/min 左右时，即可向蓄电池充电。

可见，车用交流发电机的激磁方式与一般工业用交流发电机不同，它在低速运转，其电压还未到达蓄电池充电电压时，是他激；当高速运转，发电机电压已达到蓄电池充电电压时，发电机自激。

3. 无刷交流发电机的结构

普通交流发电机由于磁场绕组旋转，因此必须装有滑环和电刷。长期使用时，由于滑环和电刷的磨损、接触不良等会造成激磁不稳或不发电等故障。采用无刷发电机，由于发电机内没有电刷和滑环，因此可克服普通发电机的上述缺点。无刷发电机有爪极式和感应式两种，目前最常用的为爪极式无刷发电机。

爪极式无刷发电机的结构如图 1-95 所示。

无刷爪极式交流发电机的结构与普通交流发电机大致相同，但其磁场绕组是静止的，不

随转子转动。因此,磁场绕组的两端可直接引出,从而省去了滑环与电刷。

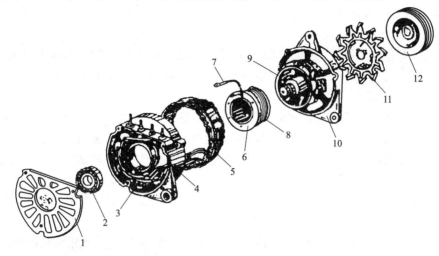

图1-95 爪极式无刷发电机的分解图

1-防护罩;2-后轴承;3-元件板及硅二极管组;4-磁场绕组及后轴承支架;5-定子总成;6-磁轭;7-磁场绕组接头;8-磁场绕组;9-爪极式转子总成;10-前端盖;11-风扇叶;12-皮带轮

4. 交流发电机电压调节器

由于交流发电机工作时产生的电压与柴油机的转速成正比,而装载机工作时,柴油机的转速是波动的。因此,发电机输出的电压也是波动的。如果对发电机的输出电压不加以调节,将导致用电设备无法工作。交流发电机调节器的作用就是根据发电机的转速变化,自动调整激磁电流的大小,以达到控制发电机输出电压的目的。硅整流交流发电机配用的电压调节器按有无触点可分为电磁振动式、晶体管式和集成电路三种。目前,装载机上使用的交流发电机用调节器多为电磁振动式,但晶体管和集成电路式电压调节器也日益普遍,并有取代电磁调节器的趋势。

(1)电磁振动式电压调节器。电磁振动式调节器(又称触点式调节器)可分为单级电磁振动式(电压调节器只有一对触点)和双极电磁振动式(具有两对触点)两种。目前,国内外最常用的电磁振动式调节器为双触点电压调节器。现以装载机上最常用的FT221型调节器为例,介绍其结构和工作原理。

FT221型电压调节器由截流继电器和电压调节器两部分组成,配合有中性线引出的交流发电机工作。该调节器上有四个接线柱,分别与电池、按钮、发电机中性点及磁场接头相连接,如图1-96所示。

起动柴油机时,打开钥匙开关,按下柴油机起动按钮,线圈W_1通电,活性触头闭合,接通了蓄电池与发电机L的激磁回路,使发电机转子线圈产生磁场。

柴油机起动后,放开起动按钮,线圈W_1断电。与

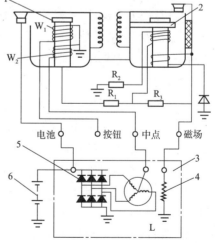

图1-96 FT221型电压调节器

1-截流继电器;2-电压调节器;3-交流发电机;4-交流发电机激磁线圈;5-硅整流器;6-蓄电池

此同时,靠发电机的一相电接通另一组线圈 W_2,使触头保持闭合状态,激磁回路保持接通。这时,发电机通过电流表 A 开始向蓄电池充电。充电电压的大小由电压调节器线圈 W_3 自动控制,以保证充电系的电压稳定。

当发电机高速或轻载使其电压大于规定值时,线圈 W_3 所产生的电磁吸力增加,当吸力大于弹簧的拉力时,使常闭的振动式触点脱开,附加电阻 R_1 和 R_3 被接入激磁回路,激磁电流减小,使发电机的输出电压下降。

当发电机因转速降低或负载增大使其电压低于规定值时,线圈 W_3 所产生的电磁吸力减弱,当吸力小于弹簧拉力时触头闭合,将附加电阻 R_1 和 R_3 短路,激磁电流增大,使发电机的输出电压上升。电压调节器的触头这样周而复始地做周期性的振动,就可以保证充电系输出电压在调定的范围以内。

柴油机停止运转后,由于发电机失压,线圈 W_2 失电,使常开触点脱开,以自动切断蓄电池与发电机激磁绕组的回路,以防蓄电池电流倒流。

(2)晶体管电压调节器。晶体管调节器是以稳压管为感受元件,利用电压的变化来控制晶体管的导通与截止,调节发电机激磁电流,来达到自动稳定发电机端电压的目的的。晶体管调节器的基本电路,如图 1-97 所示。

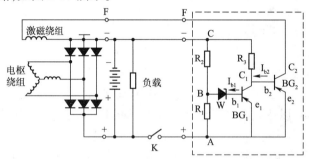

图 1-97　晶体管调节器的基本电路

BG_2 是大功率管,用来接通与切断发电机的激磁回路。BG_1 是小功率管,用来放大控制信号。稳压管 W 是感受元件,串联在 BG_1 的基极回路中,并通过可以忽略不计的 BG_1 的发射结电阻(正向偏置状态)并联于分压电阻 R_1 的两端,以感受变化的发电机电压。

电阻 R_1 和 R_2 组成一个分压器,两端的总电压 U_{AC} 为发电机的端电压,从中间的连接点 B 取出总电压的一部分(U_{AB})加在稳压管 W 上。通常,把 B 点称为测压点。R_1 两端的电压为 $U_{AB}=U_{AC}R_1/(R_1+R_2)$,其阻值是这样确定的:当发电机电压 U_{AC} 达到规定的调整值时,U_{AB} 之值正好等于稳压管的反向击穿电压。

R_3 为 BG_1 的集电极负载电阻,同时也是 BG_2 的偏流电阻。

晶体管调节器不但在"开"和"关"的过程中不产生火花,而且由于不存在机械惯性和电磁惯性,所以"开"、"关"的时间短、速度快、调压效果好。此外,它还具有质量轻、体积小、寿命长、可靠性高、电波干扰小等优点。因此,晶体管调节器的应用日益广泛。

(3)集成电路调节器。目前,国内外已广泛使用了以混合集成电路技术为基础的集成电路调节器,由于它具有电压调整精度高(为 ±0.3V,而电磁振动式为 ±0.5V)耐用、耐震、体积小,可直接安装在交流发电机内部和发电机组成一个整体,接线简单等优点,随着集成电路技术的迅速发展,成本降低后,集成电路调节器将会广泛采用。

集成电路调节器和分立元件的晶体管调节器一样,都是利用晶体管的开关特性组成开关电路,通过控制磁场电流来达到控制发电机的输出电压。下面以国产 JFT51 型调节器为例,介绍集成电路调节器的结构及工作情况。

JFT151 型调节器为薄膜混合集成电路调节器,装在 JF132E 型和 JFT51 型交流发电机的外壳上,其内部线路如图 1-98 所示。

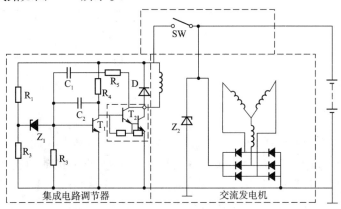

图 1-98　JFT51 型集成电路调节器的工作原理

其工作原理为:R_1、R_2 组成分压器,稳压管从该分压器上获得比较电压,当发电机电压低于规定值时,稳压管 Z 截止、T_1 截止,T_2 则在 R_4 偏置下导通,于是发电机磁场绕组中有激磁电流流过,使发电机端电压升高。当发电机端电压高于规定值时,稳压管 Z_1 击穿,T_1 饱和导通并将 T_2 的基极和发射极短路,于是 T_2 截止,切断了发电机的磁场回路,使发电机端电压下降。当发电机端电压降到低于规定值时,Z 重新截止,T_1 截止,T_2 导通又接通了磁场回路,使发电机端电压升高。如此反复,使发电机端电压保持稳定。

分流电阻 R_3 可提高 T_1 管的耐压。

C_1R_5 为正反馈电路,加速 T_2 的翻转,减少 T_2 管的过度损耗。

C_2 为负反馈电路,降低开关频率,进一步减少管耗。

磁场电流的调整采用达林顿电路,提高了该极的放大倍数,使动态过程中微小的输入变化也能反映至输出上,提高了电路的灵敏性。

D 为续流二极管,当 T_2 截止时,可使发电机磁场绕组中的自感电动势自成回路,保护 T_2 免受损坏。

Z_2 与电源并联,起过电压保护作用。

5. 交流发电机及其调节器的使用注意事项

交流发电机、晶体管调节器以及集成电路调节器内部都有半导体元件,即使是瞬时过电压或过电流,都可能使其损坏,因此所以必须做到正确使用。

(1)极性不能接错。JF 系列发电机均为负极搭铁,所以蓄电池也必须负极搭铁。否则,会出现蓄电池通过硅二极管大量放电的现象,将二极管迅速烧坏;也会烧坏晶体管、集成电路调节器中的电子元件。

(2)接线必须牢固。蓄电池具有电容器作用,可以在一定程度上吸收由于电路断开而产生的瞬时过电压,保护晶体管元件不被损坏。所以,发电机"+"极到蓄电池"+"极之间的连接导线和接线的连接必须牢固可靠。

(3)调节器和发电机之间的接线要正确。调节器的"F"接线柱和"-"接线柱与发电机的"F"和"-"接线柱相接;调节器的"+"接线柱经钥匙开关与发电机的"+"接线柱相连。另外,发电机和调节器二者的规格必须匹配。

(4)不能"试火"检查电路。柴油机运转时,不得用"试火"的方法来检查发电机是否发电,尤其在高速运转的情况下,更不能"试火";发电机正常运行时,也不可任意拆动各电器的连接线,以防发生接线短路或突然断开电路引起瞬时过电压,损害调节器中的电子元件。

此外,还不能用兆欧表或220V的交流电检查发电机和调节器的绝缘情况。柴油机熄火时,应及时将钥匙开关断开,否则蓄电池将有可能通过调节器的大功率管向激磁绕组放电,并可能烧坏激磁绕组和电子元件。

四、起动机

柴油机是靠外力起动的,常用的起动方式有人力起动、汽油机辅助起动和电力起动等。人力起动(手摇起动)最简单,但不方便,劳动强度大,目前只在汽车上用作后备方式。而电力起动,操作简便,起动迅速可靠,又具有重复起动的能力,所以在装载机上已被广泛采用。

1. 起动机的组成

起动机一般由以下几部分组成:

(1)直流串激式电动机:其作用是产生电磁转矩。

(2)传动机构:其作用是在柴油机起动时使起动机驱动齿轮啮入飞轮齿圈,将起动机的转矩传递给柴油机曲轴;在柴油机起动后,又能使起动机驱动齿轮与飞轮齿环自动脱开。传动机构中的啮合器,分滚柱式、弹簧式、摩擦片式等。

(3)控制装置(即开关):其作用是用来接通和切断电动机与蓄电池之间的电路。

普通直接操纵式起动机的结构,如图1-99所示。

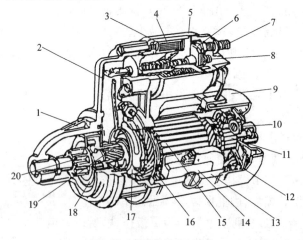

图1-99 直接操纵式起动机

1-后端盖;2-拨叉;3-保持线圈;4-吸引线圈;5-电磁开关;6-触点;7-接线柱;8-接触盘;9-前端盖;10-电刷弹簧;11-换向器;12-电刷;13-机壳;14-磁极;15-电枢;16-磁场绕组;17-移动衬套;18-单向离合器;19-电枢轴;20-驱动齿轮

2. 起动机的分类

起动机的种类很多,但电动机部分一般没有大的差别,而传动机构和控制装置则差异很大。因此起动机多是按传动机构和控制装置的不同来分类的。

(1)按控制装置分,可分为直接操纵式起动机和电磁操纵式起动机两种。

①直接操纵式起动机:即由脚踏或手拉,直接接通起动机的主电路。

②电磁操纵式起动机:即借按钮或点火开关控制继电器,再由继电器控制起动机的主电路。

(2)按传动机构的啮合方式可分为惯性啮合式起动机、移动电枢式起动机和强制啮合式起动机三种。

①惯性啮合式起动机:其啮合小齿轮借助惯性力自动啮入飞轮齿圈。起动后小齿轮又靠惯性力自动与飞轮齿圈脱离。

②移动电枢式起动机:靠起动机磁极磁通的吸力,使电枢沿轴向移动而使小齿轮啮入飞轮齿圈。

③强制啮合式起动机:靠人力或电磁吸力拉动杠杆,强制小齿轮啮入飞轮齿圈的。

3. 直流串激式电动机

(1)直流串激式电动机的构造。直流串激式电动机主要由电枢、磁极和电刷等部件组成。

①电枢(图 1-100)。电枢主要由电枢轴、换向器、铁芯、电枢绕组等组成。为了得到较大的起动转矩,其电枢电流很大(一般为 200～600A,有的高达 1000A),因此电枢绕组都是用较粗的矩形裸体铜线绕制而成,一般采用波形绕组。为了防止裸体绕组间短路,在铜线与铁芯之间、铜线与铜线之间用绝缘性能较好的绝缘纸隔开。裸体铜线较粗,在高速下可能会因离心力的作用而甩出,故在槽口的两侧将铁芯手扎稳挤紧。

电枢绕组各线圈的端头均焊接在换向器片上,通过换向器和电刷将蓄电池的电流引进来。换向器由铜片和云母片叠压而成。为了满足大电流的需要,起动机换向器片的尺寸比发电机要宽厚些。

②磁极。磁极的数目一般是 4 个,有的多至 6 个。在 4 极中,两对磁极相对安装,即 S 极对 S 极,N 极对 N 极,如图 1-101 所示。图中虚线为磁力线的回路。

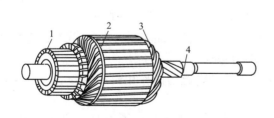

图 1-100　电枢　　　　　　　图 1-101　磁极与磁路
1-换向器;2-铁芯;3-绕组;4-电枢轴

激磁绕组由 4 个互相串联的线圈组成,并与电枢绕组串联,如图 1-102a)所示。激磁绕组也是用矩形裸体铜线绕制而成,其一端接在外壳的绝缘接柱上,另一端与两个非搭铁电刷 3 相连。当起动开关接通时,起动机的电路为:蓄电池负极搭铁→搭铁电刷 4→电枢绕组→

电刷 3→激磁绕组 2→接线柱 1→蓄电池正极。

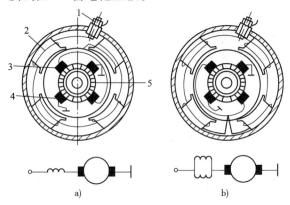

图 1-102 磁场绕组的接法
a) 四个绕组相互串联; b) 两个绕组串联后再并联
1-绝缘接线柱; 2-磁场绕组; 3-正电刷; 4-负电刷; 5-换向器

有的起动机,激磁绕组不是 4 个线圈互相串联,而是每两级线圈分别串联后再并联的,如 6135 型柴油机用的 ST614 型起动机就是这种接法,如图 1-102b)所示。激磁绕组的这种接法可以在导线截面积相同的情况下增大起动电流,提高起动转矩。

③电刷。电刷由铜与石墨粉压制而成,以减少电阻,并增加耐磨性,如图 1-103 所示。

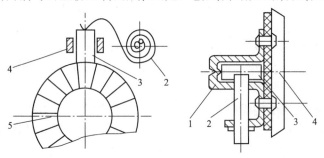

图 1-103 电刷及电刷架
1-框式刷架; 2-盘形弹簧; 3-电刷; 4-前端盖; 5-换向器

④轴承。因起动机每次接通的时间短,一般仅几秒,并且承受的是冲击载荷,所以起动电机的轴承一般都采用青铜—石墨轴承(俗称铜套)或铁基含油轴承。

(2)串激式电动机的工作原理。直流电动机是将电能转变为机械能的装置,它是根据电导体在磁场中受到的电磁力作用这一原理为基础而制成的。

根据电磁线原理,通电导体在磁场中将受到电磁力的作用而产生运动。其运动方向可用"左手定则"判定。

图 1-104 是最简单的直流电动机的工作原理。电动机的电刷与直流电源相接后,电流由正电刷和换向片 A 流入,从换向片 B 和负电刷流出(图 1-104a)。此时,绕组中的电流方向为从 a 到 d,按左手定则可确定导线 ab 受到向左的电磁力 F,导线 cd 受到向右的电磁力 F,于是整个线圈受到逆时针方向的转矩而转动。当电枢转过半个周时(图 1-104b),换向片 B 与电刷相接触,换向片 A 与负电刷相接触。线圈中电流的方向改变为从 d 到 a,但因在 N

极和 S 极一侧的导体中电流方向保持不变,所以电磁转矩的方向也不变,使电枢仍按原来的逆时针方向继续转动。

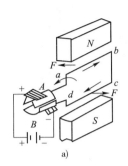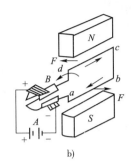

图 1-104　直流电动机的工作原理
a) a→b; b) b→a

由于一个线圈所产生的转矩太小,且转速又不稳定,因此,实际电动机的电枢绕组都是由很多线圈组成的。换向器的片数也随着线圈的增多而增加。永久磁场则由磁场绕组及磁极铁芯所代替。

实践表明,直流串激式电动机在重载时转速低而转矩大,可以保证起动安全可靠。但在轻载时转速高,容易使电枢产生过大的离心力而损坏(俗称"飞车")。因此,直流串激式电动机不允许在轻载或空载下运行。

4. 起动机的传动机构

目前,装载机用柴油机起动机的传动机构多为强制啮合式,其主要部件是一只单向离合器。常见的单向离合器有滚柱式、摩擦片式和弹簧式三种。

(1) 滚柱式单向离合器。滚柱式单向离合器的结构如图 1-105 所示。其传动滑套内的花键与电动机电枢前端的花键啮合,整个单向离合器可在拨叉拨动下做轴向移动。

由于滚柱式单向离合器的外壳与十字块之间是通过四只滚柱相连的,且滚柱又是处于特制的宽窄不同的楔形槽内。

当电动机电枢旋转时,十字块也一起旋转,将滚柱挤入楔形槽的窄端而卡进,如图 1-106a) 所示。这时,电动机电枢上的转矩,就可以由十字块经滚柱、离合器外壳传给驱动齿轮,从而达到驱动柴油机齿圈旋转、起动柴油机的目的。

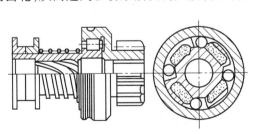

图 1-105　滚柱式单向离合器

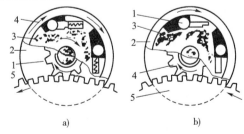

图 1-106　滚柱式单向离合器的工作示意图
1-驱动小齿轮; 2-壳体; 3-十字块; 4-滚柱; 5-飞轮

当柴油机起动后,驱动齿轮在飞轮齿圈的带动下做被动旋转,其转速大于十字块的转速,这样就使滚柱进入楔形槽的宽端而被放松,如图 1-106b) 所示。此时,十字块与外壳之间打滑,切断了柴油机倒拖电动机的动力,避免起动机"飞车"的危险。

(2)摩擦片式离合器。由于滚柱式离合器在传递较大转矩时容易卡死,所以对工程机械柴油机所需的大功率起动机而言,已不能满足需要。因此,ST614型起动机采用了摩擦片式离合器,其结构如图1-107所示。

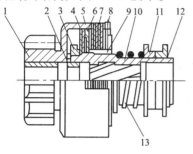

图1-107 摩擦片式单向离合器
1-驱动齿轮;2-限位套;3-螺母;4-弹性垫圈;5-调整垫圈;6-压环;7-摩擦片;8-卡环;9-内接合毂;10-花键套;11-滑套;12-卡环;13-弹簧

花键套10套在电枢的螺旋花键上。在花键套筒的外表面又有三线螺旋花键,套着内接合毂(主动毂)9。内接合毂上有4个轴向槽,用来插放主动摩擦片的内凸齿。被动摩擦片7的外凸齿插在与驱动齿轮成一整体的外接合毂的槽中。主动、被动摩擦片相间组装,两者之间的摩擦力是内接合毂与外接合毂之间的媒介。螺母3与摩擦片之间装有弹性垫圈4、压环6和调整垫圈5。组装好的离合器,其摩擦片之间应无压力。

当起动机带动曲轴旋转时,由于飞轮齿圈上反作用力的缘故,瞬间静止的内接合毂会由于花键套筒的旋转而左移,使两种摩擦片紧压在一起,利用摩擦力将电枢转矩传递给飞轮。柴油机起动后,起动机齿轮被飞轮带着转动,速度高于电枢,于是内接合毂又沿花键套筒上的螺旋线右移,使主动、被动摩擦片相互脱离而打滑,避免了电枢超速"飞车"危险。

在起动机超载的情况下(柴油机烧瓦或卡死),弹性圈会在压力下弯曲,当弹性圈弯曲到与内接合毂的左端面相碰时,内接合毂便停止左移,于是摩擦片之间开始打滑,限制了起动机的最大输出转矩,防止了起动机过载。增减调整垫圈的片数,可以改变内接合毂左端面与弹性圈之间的间隙,调节起动机的最大输出转矩。

(3)弹簧式离合器。弹簧式离合器的结构,如图1-108所示。主动套筒套在电枢轴的花键上。小齿轮套筒则套在电枢前端的光滑部分上。在小齿轮套筒与主动套筒的前外圆上抱有驱动弹簧。驱动弹簧的内径略小于两套筒的外径,有一定的过盈量(0.25~0.5mm)。当起动柴油机时,电枢轴带动主动套筒旋转。由于弹簧与套筒之间存在摩擦力,使弹簧扭紧,抱紧两套筒传递转矩。柴油机起动后,由于飞轮齿圈施加给小齿轮的作用力改变了方向,使弹簧松开而打滑,从而防止了超速运转的危险。

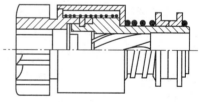

图1-108 弹簧式单向离合器

弹簧式离合器具有结构及工艺简单,成本低等优点,但驱动弹簧所需圈数较多,轴向尺寸长,因此不宜在小型起动机上采用。

5. 起动电机的控制装置

起动机的控制装置由复位弹簧、拨叉及起动开关等组成。但其主要部件是起动开关,故通常把控制装置简称"起动开关",俗称"电磁开关"。起动开关可分为直接操纵式起动开关和电磁操纵式起动开关,目前装载机用柴油机起动机都装有电磁操纵式起动开关。下面以ST614型电磁操纵式起动开关为例,介绍其结构和工作过程。

(1)ST614型起动机起动开关的结构。ST614型电磁强制啮合式起动机起动开关的特点在于起动机的拨叉是由一个特制的电磁铁操纵的;同时,这个电磁铁又通过联动装置控制起动机主电路的切断。其电路原理图,如图 1-109 所示。

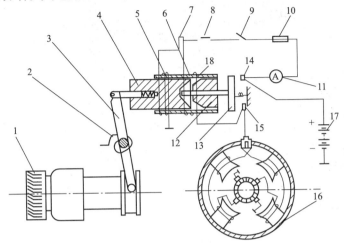

图 1-109 ST614 型起动机电路原理

1-驱动小齿轮;2-复位弹簧;3-传动叉;4-活动铁芯;5-保位线圈;6-吸拉线圈;7-接线柱;8-起动按钮;9-钥匙开关;10-熔断丝;11-电流表;12-挡块;13-接触盘;14、15-接线柱;16-电动机;17-蓄电池;18-黄铜套筒

在黄铜套筒 18 上绕有吸拉线圈 6 和保位线圈 5。吸拉线圈和电枢绕组串联(主电路未接通时),保位线圈的一端搭铁,另一端与吸拉线圈同接于接线柱 7 上。在黄铜套筒内装有活动铁芯 4,它与传动叉相连。挡铁 12 的中心装着推杆,可以带动铜质接触盘 13,接通与切断起动机的主电路。

(2)工作过程。电磁开关的工作过程:合上钥匙开关 9,按下起动按钮 8,接通吸拉线圈和保位线圈的电路,其电流由蓄电池正极→接线柱 14→电流表 11→熔断丝 10→钥匙开关 9→起动按钮 8→接线柱 7→①和②(①是保持线圈 5→搭铁→蓄电池负极;②是吸拉线圈 6→接线柱 15→激磁绕组→电枢绕组→搭铁→蓄电池负极)。

这时活动铁芯 4 在两个线圈的电磁吸力下,克服复位弹簧 2 的推力而右行,带动传动叉 3,驱动小齿轮使之与飞轮齿圈啮合。这时,由于吸拉线圈的电流流经激磁绕组和电枢绕组,产生一定的电磁转矩,所以小齿轮是在缓慢旋转的过程中啮合的。当齿轮啮入后,接触盘 13 也将接线柱 14、15 接通,于是蓄电池的大电流流经起动机的电枢绕组和激磁绕组,产生正常转矩,带动曲轴旋转起动柴油机。与此同时,吸拉线圈被短路,齿轮的啮合位置由保持线圈的吸力来保持。

柴油机起动后,松开起动按钮的瞬间,保持线圈中的电流只能经吸拉线圈、接触盘回蓄电池负极。此时,两线圈所产生的磁通方向相反,互相抵消,于是活动铁芯在复位弹簧的作用下迅速复位,驱动小齿轮退出啮合,接触盘脱离接触,切断起动电路,起动机停止运转。

6. 典型起动机

(1)电磁操纵强制啮合式起动机。国产 QD124 型起动机属于电磁操纵强制啮合式起动机,采用滚柱式单向离合器,起动开关为电磁式,控制电路中增加了一个起动继电器。该起动机的结构及电路分别如图 1-110 和图 1-111 所示。

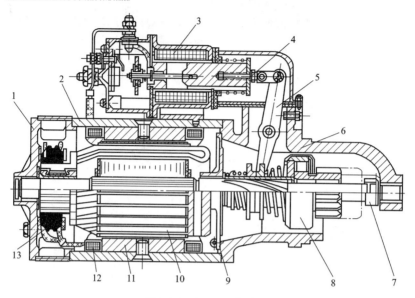

图 1-110　QD124 型起动机

1-前端盖；2-外壳；3-电磁开关；4-调节螺钉；5-拨叉；6-后端盖；7-限位螺母；8-单向离合器；9-中盖；10-电枢；11-磁极；12-磁场绕组；13-电刷

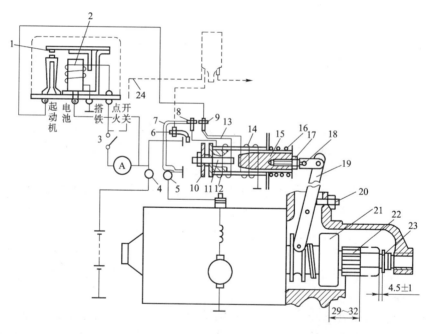

图 1-111　QD124 型起动机的电路

1-起动继电器触点；2-起动继电器线圈；3-点火开关；4、5-起动机开关接线柱；6-点火线圈附加电阻短路接线柱；7-导电片；8、9-接线柱；10-解除盘；11-推杆；12-固定铁芯；13-吸引线圈；14-保持线圈；15-活动铁芯；16-复位弹簧；17-调节螺钉；18-连接片；19-拨叉；20-定位螺钉；21-滚柱式单向离合器；22-驱动齿轮；23-限位螺母；24-附加电阻

其中的起动继电器为单联式，作用是控制电磁开关线圈电路的通断，以保护点火开关、延长点火开关的使用寿命。如果直接用点火开关控制电磁开关线圈的电路，由于柴油机起动时通过点火开关的电流很大（一般为 35～40A），将很容易使点火开关损坏。起动继电器

的触点是常开的,柴油机起动时将点火开关3转至起动位置,起动继电器的线圈通电而使触点闭合,于是便接通了电磁开关线圈的电路。

(2)电枢移动式起动机。电枢移动式起动机的结构,如图1-112所示。其特点如下:

①起动机不工作时,电枢在弹簧的作用下,停留在磁极中心轴靠前错开的位置。

②换向器较长,以便移动后仍能与电刷接触。

③驱动齿轮与飞轮齿圈的啮合过程是通过电枢在磁场的作用下,进行轴向移动来实现的,柴油机起动后靠复位弹簧的拉力,使驱动齿轮脱离啮合并回至原位。

④有主、辅两种激磁绕组(共3个):串联的主激磁绕组和串联的辅助激磁绕组以及并联的辅助激磁绕组。由于扣爪和挡片的作用,辅助绕组首先接通。

⑤采用摩擦式单向离合器。

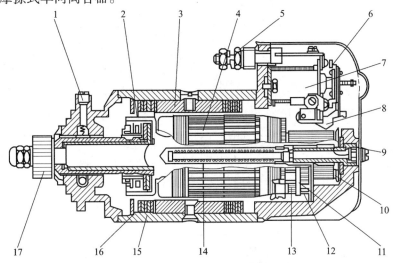

图1-112 电枢移动式起动机

1-油塞;2-摩擦片式单向离合器;3-磁极;4-电枢;5-接线柱;6-接触桥;7-电磁开关;8-扣爪;9-换向器;10-圆盘;11-电刷弹簧;12-电刷;13-电刷架;14-复位弹簧;15-磁场绕组;16-外壳;17-驱动齿轮

该起动机工作过程大致可分三个阶段,其不工作时如图1-113a)所示。

①啮合。柴油机起动时按下起动按钮K,电磁铁4产生吸力并吸引接触盘6,但由于扣爪8顶住了挡片7,接触盘仅能上端闭合(图1-113b),此时电枢辅助激磁绕组接通,并联辅助绕组3和串联激磁绕组2产生的电磁力克服复位弹簧的拉力,吸引电枢向后移动使起动机驱动齿轮啮入飞轮齿圈。由于辅助激磁绕组用细铜线绕制,电阻大、流过的电流小,因此起动机仅以较低的速度旋转,使驱动齿轮柔和地啮入飞轮齿圈。

②起动。当电枢移动使驱动齿轮与飞轮齿圈完全啮合后,固定在换向器端面的圆盘10顶起扣爪8而使挡片7脱扣,于是接触盘6的下端也闭合,接通主激磁绕组1的电路。起动机便以正常的转矩起动柴油机(图1-113c)。在起动过程中,摩擦片式离合器13压紧并传递转矩。

③脱开。柴油机起动后驱动齿轮转速迅速升高,摩擦片式离合器被旋松,曲轴转矩便不能传到电枢上,起动机处于空载状态。起动机因空载而转速增高,电枢中反电动势增大,串联辅助绕组中的电流减小。当电流小到磁力不能克服复位弹簧的拉力时,电枢又移回原位,

驱动齿轮与飞轮齿圈脱开,扣爪也回到锁止位置,直到松开起动按钮,起动机才停止运转。

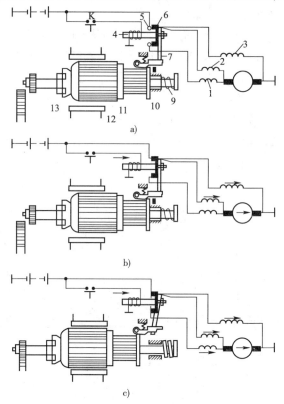

图1-113 电枢移动式起动机工作原理
a)未啮合;b)进入啮合;c)完全啮合

1-主磁场绕组;2-串联辅助磁场绕组;3-并联辅助磁场绕组;4-电磁铁;5-静触点;6-接触盘;7-挡片;8-扣爪;9-复位弹簧;10-圆盘;11-电枢;12-磁极;13-摩擦片式离合器

(3)齿轮移动式起动机。图1-114是德国博世(Bosch)公司生产的TB型齿轮移动式起动机的结构,其电枢轴是空心的,其内装有一啮合杆3,杆上套有花键套筒27,此套筒的螺纹上套装摩擦片式单向离合器5,起动机驱动齿轮轮毂2套在啮合杆上,并用锁止垫片使其固定。驱动齿轮轮毂用键与螺纹花键套筒连接,并用螺母锁紧,以防脱出。螺纹花键一端支撑在电枢轴内孔的滚珠轴承25内,另一端支撑在后端盖28内滚珠轴承30中,使其既能转动又能移动。

电枢轴一端支撑在换向器端盖19内的滚针轴承中,另一端通过摩擦片式单向离合器外接合毂7上的盖板支撑在后端盖28的球轴承29内。

电磁开关13安装在换向器端盖19的右侧,其内绕有吸引线圈、保持线圈和阻尼线圈。电磁开关的活动铁芯14和啮合杆在同一轴上,电磁开关的外侧装有控制继电器和锁止装置。锁止装置由扣爪、挡片和释放杆组成。控制继电器的铁芯上绕有磁化线圈,用来控制两对触点的开闭,一对为常闭触点,另一对为常开触点。

柴油机起动前(图1-115a)为使起动机的驱动齿轮与飞轮齿圈啮合柔和,起动机的接入分为两个阶段。

第一阶段(图1-115b)。接通起动开关6,蓄电池电流经接线柱"50"、控制继电器5的磁力线圈和电磁开关的保持线圈12常闭触点K_1被分开,切断了制动绕组16的电路。常开触点K_2闭合,接通了电磁开关中吸引线圈14和阻尼线圈13的电路。电流流经蓄电池正极接线柱"30"、常开触点K_2后分成并联的两路,其中一路流经吸引线圈14、磁场绕组17、电枢2、接线柱"31"、搭铁到蓄电池负极,另一路流经阻尼线圈13、磁场绕组、电枢、接线柱"31"、搭铁到蓄电池负极。

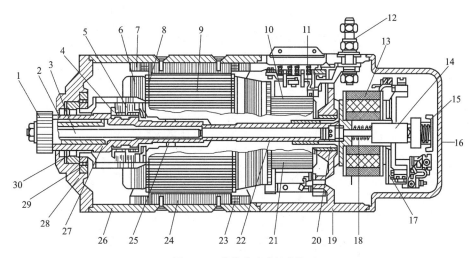

图1-114 齿轮移动式起动机

1-驱动齿轮;2-驱动齿轮轮毂;3-啮合杆;4-内接合毂;5-摩擦片式单向离合器;6-压环;7-外接合毂;8-弹性圈;9-电枢;10-电刷;11-电刷架;12-接线柱;13-电磁开关;14-活动铁芯;15-开关闭合弹簧;16-前端盖;17-控制继电器;18-开关切断弹簧;19-换向器端盖;20、25-轴承;21-换向器;22-复位弹簧;23-磁场绕组;24-磁极;26-外壳;27-螺旋花键套筒;28-后端盖;29-球轴承;30-内滚珠轴承

在保持线圈12、吸引线圈、阻尼线圈三部分磁力的共同作用下,电磁开关中的活动铁芯11被吸引向左移动,推开啮合杆15使起动机驱动齿轮向飞轮齿圈方向移动。与此同时,由于吸引线圈和阻尼线圈、电枢绕组串联,相当于串联了一个电阻,使流向起动机的电流很小,所以电枢缓慢转动,驱动齿轮低速旋转并向左移动,从而柔和地啮入飞轮齿圈。

第二阶段(图3-24c),当驱动齿轮与飞轮齿圈完全啮合后,释放杆8立即将扣爪10顶开,使挡片9脱扣。于是电磁开关的主触点K_3闭合,起动机主电路接通。起动机产生的转矩通过摩擦片式单向离合器驱动飞轮齿圈,此时吸引线圈和阻尼线圈被短路,驱动齿轮靠保持线圈的吸力保持在啮合位置。

柴油机起动后,摩擦片式单向离合器打滑,起动机处于空转状态,但只要起动开关保持接通,驱动齿轮与飞轮齿圈仍保持啮合状态,断开起动开关、驱动齿轮退回,起动机才停止转动。

断开起动开关后,保持线圈和控制继电器5的磁力线圈的电路被切断,磁力消失,电磁开关中的活动铁芯与驱动齿轮均靠复位弹簧的弹力回到原来位置,扣爪也回到原位,电磁开关主触点K_3打开,起动机主电路被切断。控制继电器电流中断时常开触点K_2打开、常闭触点K_1闭合,制动绕组与电枢绕组并联。

制动绕组在起动机工作时不起作用,但柴油机起动完毕、切断开关时,能使起动机很快制动而停止转动,即起动开关断开后常闭触点 K_1 闭合,制动绕组与电枢绕组并联,起动机主电路虽已断开,但电枢由于惯性作用仍继续转动,以发电机状态运行,其电磁转矩方向因电枢内电流方向的改变而改变,与电枢旋转方向相反,起能耗制动作用,使起动机迅速停止转动。

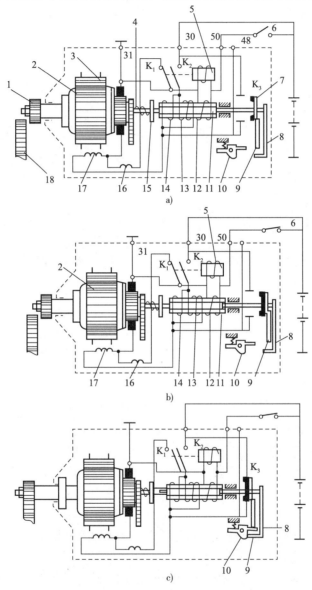

图 1-115 博世 TB 型齿轮移动式起动机工作原理

1-驱动齿轮;2-电枢;3-磁极;4-复位弹簧;5-控制继电器;6-起动开关;7-接触盘;8-释放杆;9-挡片;10-扣爪;11-活动铁芯;12-保持线圈;13-阻尼线圈;14-吸引线圈;15-啮合杆;16-制动绕组;17-磁场绕组;18-飞轮;K_1-常闭触点;K_2-常开触点;K_3-电磁开关触点

(4)齿轮减速式起动机。齿轮减速式起动机的结构特点是,在电枢与驱动齿轮之间装有减速齿轮(速比一般为 1:3～1:4),起动机经减速齿轮的减速增矩后再带动小驱动齿轮。因此起动机可采用外形尺寸小、质量轻、高速低转矩的电动机,同时蓄电池的容量也可减小。国产 QD254 型内啮合齿轮减速式起动机的结构简图,如图 1-116 所示。

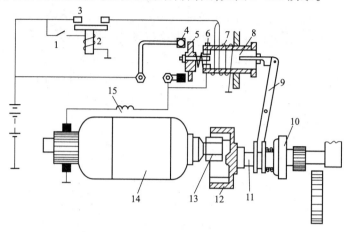

图 1-116 齿轮减速式起动机结构与线路

1-起动开关;2-起动继电器磁化线圈;3-起动继电器触点;4-主触点;5-接触盘;6-吸引线圈;7-保持线圈;8-活动铁芯;9-拨叉;10-滚柱单向离合器;11-螺旋花键轴;12-内啮合减速齿轮;13-主动齿轮;14-电枢;15-磁场绕组

该起动机电枢轴的主动齿轮 13 与内啮合减速齿轮 12 相啮合。内啮合减速齿轮与螺旋花键轴制成一体,螺旋花键轴上套装滚柱式单向离合器 10。该起动机的工作情况和 QD124 型起动机的基本相同。

有些齿轮减速式起动机采用了行星齿轮减速器,同时取消了磁场绕组,用永久磁铁做磁极(故又称永磁式起动机)使起动机的体积进一步减小,其结构如图 1-117 所示。

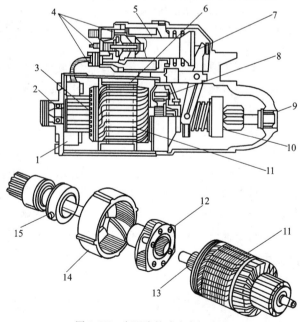

图 1-117 行星齿轮减速式起动机

1-电刷;2、9-轴承;3-换向器;4-接线柱;5-拉杆;6-永久磁铁;7-拨叉;8-行星齿轮减速器;10-单向离合器;11-电枢;12-行星齿轮架;13-小齿轮;14-固定内齿圈;15-驱动圈

(5)装有组合式继电器的起动机。有的起动机采用了组合式继电器,使起动机具有自我保护功能,即当柴油机起动后起动机能自动停止运转,并且驱动齿轮退出啮合,避免单向离合器的磨损和蓄电池能量的消耗。而在柴油机正常运转时,即使误将点火开关扭至起动位置,起动机也不会通电运转,从而避免了驱动齿轮与飞轮齿圈的冲击,延长其使用寿命。

图1-118为采用组合式继电器的起动机电路。组合式继电器6由起动继电器和保护继电器两部分组成,其中的起动继电器用来控制起动机电磁开关的工作;保护继电器在发电机中性点电压的作用下,使起动机具有自动保护作用,并控制充电指示灯的工作。起动继电器触点为常开式,保护继电器触点为常闭式。

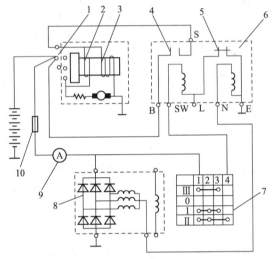

图1-118 装有组合式继电器的起动机电路

1-电磁开关主接线柱;2-吸引线圈;3-保持线圈;4-起动继电器触点;5-保护继电器触点;6-组合式继电器;7-点火开关;8-硅整流发电机;9-电流表;10-快速熔断片

柴油机起动时将点火开关置于Ⅱ挡(起动挡),组合继电器的起动继电器线圈有电流通过,其电路为蓄电池正极→电磁开关接线柱1→快速熔断片10→电流表9→点火开关7→组合继电器接线柱SW→起动继电器线圈→保护继电器触点5→搭铁→蓄电池负极。在电磁力作用下起动继电器触点闭合,于是接通电磁开关中吸引线圈和保持线圈的电路,使电磁开关动作。

柴油机起动后若点火开关仍处于起动挡位置,起动机也不工作,这是因为此时交流发电机转速较高,电压已建立,其中性点电压加在保护继电器的线圈上,产生电磁吸力使其常闭触点分开,切断了起动继电器线圈的电路,于是起动继电器的触点开启,电磁开关的线圈断电,起动机则不工作。同理,柴油机运转过程中由于保护继电器的触点已经分开,即使误将点火开关转至起动挡位置,起动继电器也不会动作,因此起动机的主电路便不能接通,从而防止了驱动齿轮与飞轮齿圈的撞击,对起动机起到了自动保护作用。

7.起动机使用注意事项

(1)经常检查起动机与蓄电池以及电源总开关之间的连接是否牢固,导线接触和导线的绝缘是否良好。

(2)起动机是按短时间工作的要求而设计的,工作时电流很大,每次使用起动机的时间不应超过5s。重复起动时,中间应间隔2min,否则容易损坏蓄电池和起动机,并缩短它们的使用寿命。当连续三次不能起动时，应检查原因，排除故障后再起动。

（3）当柴油机起动后，应立即松开起动控制开关，以减小单向离合器的磨损。严禁在柴油机运转时使用起动机。

（4）定期对起动机内部进行清理，检查电枢长度（不低于新电枢的 2/3）和电刷弹簧的弹力，并注意起动机轴承的润滑。

五、仪表

为了正确使用装载机并了解其主要部分的工作情况，及时发现和排除可能出现的故障，装载机上装有多种检查、测量仪表。如电流表、柴油机冷却液温度表、变速器油压表、变速器油温表、气压表以及计时表等。这些仪表应具有结构简单、工作可靠、耐震、抗冲击性好、示值准确、随电源电压波动小以及不随周围温度变化而改变等特点。

1. 电流表

电流表串联在电源电路中，用来指示蓄电池充电或放电的电流值。因而通常把电流表做成双向的，表盘中间为"0"刻度，两旁各有读数 30（或 20），并有"＋"、"－"两个标记。当发电机向蓄电池充电时，示值为"＋"，当蓄电池向用电设备供电时，示值为"－"。

（1）电磁式电流表。电流表的结构和工作原理如图 1-119 所示。电流表内的黄铜条板 4（相当于单匝线圈）固定在绝缘底板上，两端分别与接线柱 1、3 相连，下面夹有永久磁铁 6。磁铁内侧的轴 7 上装有带指针 2 的软钢转子 5。

当没有电流通过电流表时，软钢转子 5 被永久磁铁磁化，磁化后的极性与永久磁铁极性相反，因此相互吸引，使指针保持在中间"0"的位置。

当电流由接线柱 1 通过黄铜条板流向接线柱 3 时，在黄铜条板周围便产生磁场，其方向与永久磁铁方向垂直（用右手螺旋定则判定）。因此，便产生一个合成磁场。这个合成磁场的磁力线方向与永久磁场的磁力线方向呈一个角度，因此软钢转子便带着指针偏转一个角度，即转到合成磁场的方向。电流越大，合成磁场就越强，则软钢转子带着指针偏转的角度也越大。如果电流反方向通过，则指针也反向偏转。

（2）动磁式电流表。动磁式电流表的结构和工作原理如图 1-120 所示。黄铜导电板 2 固定在绝缘底板上，两端与接线柱 1 和 3 相连，中间夹有磁轭 6。与导电板 2 固装在一起的针轴上装有指针 5 和永久磁铁转子 4。

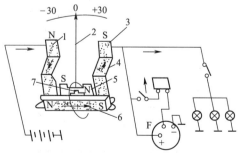

图 1-119 电磁式电流表的结构
1、3-接线柱；2-指针；4-黄铜板条；5-软钢转子；
6-永久磁通；7-转轴

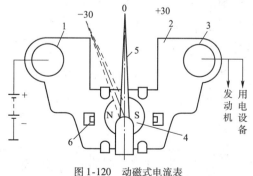

图 1-120 动磁式电流表
1、3-接线柱；2-导电板；4-永久磁铁转子；5-指针；
6-磁轭

当没有电流通过电流表时,永久磁铁转子4通过磁轭6构成磁回路,使指针保持在中间"0"的位置。当放电电流通过导电板2时,在它的周围产生磁场,使浮装在导电板中心的磁钢制造向"-"向偏转,指示出放电电流的安培数。电流越大,指针偏转越多。若充电电流通过导电板2时,则指针向"+"向偏转,指示出充电电流的大小。

通过上述分析可知,电流表的两根接线柱具有极性,接线时应当注意不要将其接反。电流表不仅可以指出蓄电池是否处于充电状态,而且还可以指示出充放电量的大小。但应当指出:在一些装载机上,电流表已被充电指示灯所取代(这种现象在进口装载机上更为普遍),充电指示灯虽不如电流表那样可以直接地看出充、放电电流的大小,但结构简单,成本低,而且可以通过由点亮到熄灭这种简单的信号变化,来表明发电机、调节器的工作是否正常。

2. 温度表及其传感器

装载机上一般装有两块温度表,即柴油机冷却液温度表和变速器—变矩器油温表。它们的结构和工作原理基本相同,如图1-121所示。指示表为电磁式,表内装有两个线圈,呈十字交叉形,温度传感器为热敏电阻式。热敏电阻为由镍、钴、锰、铜等烧结而成,其阻值随温度的升高而变小(负温度系数的热敏电阻)。

当温度较低时,热敏电阻的阻值较大,通过L_1的电流较小,而通过L_2的电流相对较大,L_1与L_2产生的磁场使表针向右摆动;当温度升高时,由于热敏电阻的阻值减小,则通过L_1的电流增大,而通过L_2的电流相对减小,L_1与L_2产生的磁场使表针向右摆动,指示较高的温度。在温度表的表盘上,有黄、绿、红三个区域。黄色区域温度为警告(注意)区域,绿色区域为正常区域,而红色区域则为危险区域。

3. 压力表及其传感器

油压表的工作情况如图1-122所示。当接通钥匙开关时,电流由蓄电池正极→钥匙开关→①和②→搭铁→蓄电池负极。其中,①是线圈L_2;②是线圈L_1→传感器。

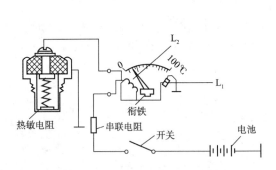

图1-121 电磁式冷却液温度表电路

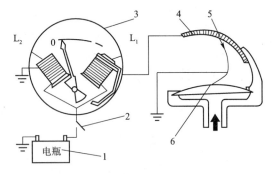

图1-122 压力表电路

1-蓄电池;2-钥匙开关;3-压力表;4-电阻;5-滑动触点;6-金属膜片

当无压力时,压力传感器的滑动触点5在右侧,电阻值较大,流过线圈L_1的电流较小,L_1与L_2所产生的合成磁场使指针向左(低压)偏移;当压力升高时,金属膜片在压力的推动下弯曲变形,使其上的滑动触点向左滑动,使电阻值减小,故通过L_1的电流增大,L_1与L_2所产生的合成磁场使指针偏向右侧,指示出一定的压力值。

压力表的表盘上设有红、绿两个区域,红色区域为危险区域,绿色区域为正常工作区域。在运行时应注意观察压力表的指示值,一旦表针指向红色区域,应立即停车检查,避免出现大的机械事故。

4. 计时表

为了累计装载机工作时间(柴油机运行时间),在装载机上一般装有计时表,计时表内部为电子式结构,具有结构简单、计时准确、抗电冲击以及抗振性能好等优点。

5. 转速表

为了检查调整柴油机,并监视柴油机的工作状况,有的装载机上还装有转速表。转速表有机械式和电子式两种,电子式转速表具有指示平稳、结构简单等优点。

6. 仪表的使用注意事项

(1)选用仪表应注意合适的量程和工作电压,接线应正确、牢固。

(2)仪表和传感器必须配套使用,否则将导致仪表和传感器工作不正常。

六、照明、信号装置及辅助电器

为了保证装载机运行安全、满足装载机夜间作业需要、提高装载机的操纵舒适性,装载机上一般装有照明设备、信号装置以及空调器、暖风机、刮水器等辅助装置。

1. 照明设备

装载机电气系统一般配有前照灯、尾灯、工作顶灯、仪表灯、内饰灯等照明设备。

前照灯、尾灯以及工作顶灯的结构相同,主要由反射镜、配光镜和灯泡三部分组成,如图1-123所示。

反射镜一般用薄钢板冲压而成,其表面形状呈旋转抛物面,内表面镀银、铝或铬(一般采用真空镀铝),然后抛光。

配光镜又称散光玻璃,它用透光玻璃压制而成,是很多块特殊的棱镜和透镜的组合,外形一般为圆形,也有矩形的。配光镜的作用是对反射镜反射出的平行光束进行折射,使前方和路缘都要有良好而均匀的照明。

灯泡有充气灯泡和卤钨灯泡两种。充气灯泡的灯丝用钨丝制成,为了减少灯丝的蒸发,制造时先将空气从玻璃泡中抽出,然后充入氩、氮的混合惰性气体。

卤钨灯泡是利用卤钨再生循环反应的原理制成的。从灯丝上蒸发下来的气态钨与卤素反应生成挥发性的卤化钨,它扩散到灯丝附近的高温区又受热分解,

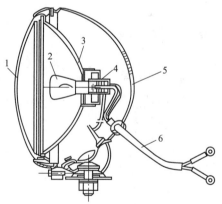

图1-123 前照灯的结构
1-散光玻璃;2-灯泡;3-反光镜;4-插座;5-灯壳;6-引出线

重新生成钨回到灯丝,如此循环,从而有效防止了钨的蒸发和灯泡的黑化现象。

2. 信号装置

信号装置包括转向指示灯、制动信号灯、报警装置、喇叭等。

(1)转向指示灯。用于指示装载机的行驶方向,受转向开关控制,灯罩颜色为橙色。

(2)制动信号灯。发出红色而醒目的制动信号,以警告后面尾随的车辆和行人,保持安全距离。制动信号灯受制动开关的控制。

(3)示廓灯。装载机用的示廓灯用于指示装载机的轮廓,受仪表灯开关的控制。

实际使用中,通常将示廓灯与前转向灯组合在一起;而将制动信号灯与后转向灯组合在一起。

(4)报警装置。为了保证行驶和作业安全、提高车辆的可靠性,部分装载机上还安装有报警装置。如果机油压力过低、制动系统气压过低、冷却液温度过高时,报警装置便发出报警信号。报警装置一般由传感器、红色警告灯及蜂鸣器等组成。在进口装载机上则更为常见。

(5)喇叭。为了保证装载机行驶和作业安全,以警告行人和其他车辆,装载机上通常装有喇叭,常见的有气喇叭和电喇叭两种。电喇叭由于安装方便,在装载机上更为常见。

电喇叭的种类很多,常见的有螺旋形、盒形和筒形等。它们的工作原理基本相同,即都是依靠电磁力使金属膜片产生振动而发音的。螺旋形电喇叭的结构如图1-124所示。

装载机上一般有两只电喇叭,由于消耗的电流过大,如果直接用电喇叭按钮操纵,则按钮容易烧坏,为此,采用了喇叭继电器,其结构和接线方式如图1-125所示。

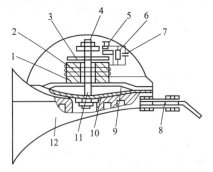

图1-124 螺旋形电喇叭的结构示意图

1-铁芯;2-线圈;3-衔铁;4-调整螺钉;5-触点;6-电阻;7-电容器;8-支架;9-底板;10-膜片;11-中心杆;12-扬声器

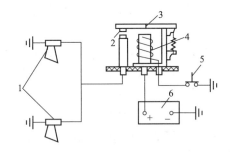

图1-125 电喇叭的接线原理

1-电喇叭;2-触点;3-活动臂;4-线圈;5-按钮;6-蓄电池

当按下喇叭按钮5时,只有较小的电流通过继电器线圈4,产生磁力,吸动活动臂3,使触点2闭合,大电流经触点通往喇叭线圈。当松开喇叭按钮时,继电器线圈中的电流中断,触点打开,从而切断了喇叭电路,喇叭即停止发音。

3. 辅助装置

现代装载机上日益普及的辅助电器有:电动刮水器、电风扇、暖风机等。近几年,很多装载机上还装有空调装置。

(1)电动刮水器。为了保证装载机在雨、雪天的正常行驶和作业,在风窗玻璃上安装有刮水器,常见的刮水器有电动和气动两种。目前,装载机上使用最多的是电动刮水器。

电动刮水器由电动机、自动停位器及刮水器开关等组成。电动刮水器电机有激磁式和永磁式两种,目前最常用的为永磁式刮水器。

永磁式电动机一般有高、低两种工作速度,它是利用三个电刷来改变正负电刷之间串联的线圈数实现变速的,图1-126为永磁式电动刮水器的工作原理。

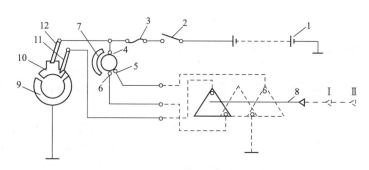

图 1-126 永磁电动刮水器的工作原理

1-蓄电池；2-总开关；3-熔断丝管；4、5、6-电刷；7-永久磁铁；8-刮水器变速开关；9、10-自动停位器滑片；11、12-自动停位器触片

①低速运转。当刮水器开关处于Ⅰ挡时，电动机带动刮片低速运转，其电路为：蓄电池正极→总开关2→熔断丝管3→电刷4→电枢线圈→电刷6→变速开关Ⅰ挡→搭铁。这时，电枢在永磁铁的磁场作用下转动。磁通强，转速低。

②高速运转。当刮水器开关处于Ⅱ挡时，电动机带动刮片高速运转，其电路为：蓄电池正极→总开关2→熔断丝管3→电刷4→电枢线圈→电刷5→变速开关Ⅱ挡→搭铁，回到蓄电池负极。

③自动停位过程。当关闭开关时，如果刮水器没有停到适当的位置，则电流经蓄电池正极、总开关、熔断丝管3、电刷4、电枢线圈、电刷6、自动复位器触片11、滑片9搭铁，电动机继续转动。当摇臂摆到停止位置时，自动停止器的触点11、12都和滑片10接触，使电机电枢短路。与此同时，电枢由于惯性而感生电流，产生制动力矩。

（2）空调装置。装载机上使用的空调装置与汽车空调相同。它的作用是对驾驶室内空气的温度、湿度、流速进行调节，并除去怪味、有害气体和粉尘等。常见的空调系统的工作原理，如图1-127所示。空调系统主要由蒸发器、空调压缩机、冷凝器、储液罐、膨胀阀（或孔管）和管路等组成。

压缩机6工作时，将制冷剂压缩成热的高压蒸气，热高压蒸气通过排气高压管8送入冷凝器9进行散热，变成高压液体（温度降低），送入储液罐1，进行干燥后，通过液压管2送入膨胀阀3，经膨胀阀节流降压或降温后进入蒸发器5。低温、低压的制冷剂液体在蒸发器中吸热汽化，使蒸发器温度降低。吹风机将驾驶室内（或驾驶室外）的新鲜空气吹过蒸发器表面，使之降温，得到凉爽的冷气。在蒸发器中吸热汽化后的制冷剂蒸汽经吸气管再次被压缩机吸入。然后重复上述过程，制冷剂在制冷系统中循环变化，便使驾驶室内不断获得冷气。

（3）电磁控制阀。为了减少制动钳摩擦片的磨损及动力消耗，在装载机上一般都装有制

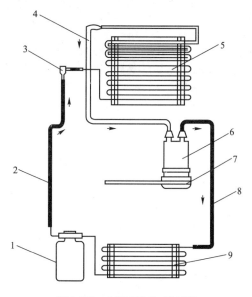

图 1-127 空调系统的工作原理

1-储液罐；2-液压管；3-膨胀阀；4-吸气管；5-蒸发器；6-压缩机；7-空调皮带；8-排气高压管；9-冷凝器

动选择阀（电磁阀），当需要切断动力时，将选择阀置于"切断"位置，电磁阀打开，从制动阀来的气体进入变速操纵阀的切断阀，将通往变速器油缸的油路切断，摩擦片分离，切断动力。

（4）电风扇。装载机用电风扇，实质上是一个直流电动机带动风叶旋转，从而达到使空气流速加快的目的，装载机上使用的风扇一般为直流24V，也有12V的，使用时应注意电风扇的额定电压。

（5）起动预热装置。冬季柴油机起动困难，为了便于起动，常采用起动预热装置预热进入汽缸的空气。柴油机预热装置一般有三种形式：电热式预热器、热胀式电火焰预热器和火焰预热器。目前，装载机上常用的为电热式预热器（电热塞）。电热塞的结构如图1-128所示。

用铁镍合金制成的螺旋形电阻丝2，一端焊于中心螺杆9上，一端焊在用耐热不锈钢制成的发热体缸套1的底部。螺杆与外壳5之间用瓷质绝缘体7隔开。在钢套1与电阻丝之间填充具有一定绝缘性能、导热性能、耐高温的氧化铝。预热器借助外壳上的螺纹，安装在柴油机汽缸盖上，各缸电热塞的中心螺杆通过导线与电源并联。

柴油机起动之前，通过专用开关接通电源，使电阻丝及发热体钢套达到炽热程度，以提高汽缸内的空气湿度。

（6）开关与保险装置。在装载机电路中，除了给各种电气设备设有独立的控制开关盒保险装置外，还设有控制总电源的开关装置。

电源开关按其操作方式的不同可分为闸刀式与电磁式两种。前者为手动，后者则靠电磁吸力来控制总电路。目前，装载机上使用的多为电磁式电源开关。

装载机上采用的保险装置有熔丝式、玻璃熔断管式和双金属片式三种。保险装置一般集中安装在熔断丝盒内。

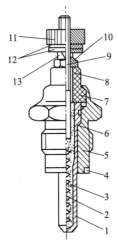

图1-128　电热塞
1-发热体钢套；2-电阻丝；3-填充剂；
4-密封垫圈；5-外壳；6-垫圈；7-绝缘体
8-胶合剂；9-中心螺杆；10-固定螺母；
11-压紧螺母；12-垫圈；13-弹簧垫圈

第二章 装载机基本结构

第一节 概述

装载机是一种具有较高作业效率的工程机械,主要用于对松散的堆积物料进行铲、装、运、挖等作业,也可用来整理、刮平场地以及牵引作业,因此装载机广泛应用于城建、矿山、铁路、公路、水电、油田以及机场等建设工程中。

一、装载机分类

1. 按装载机的行走系统结构

按行走系统结构,装载机可分为轮胎式和履带式两类。

(1)轮胎式装载机。以轮胎式专用底盘并配置工作装置及操纵系统而构成的装载机,称为轮胎式装载机,如图2-1所示。

图2-1 轮胎式装载机
1-翻斗油缸;2-后轮;3-转向信号灯;4-照明灯;5-前轮;6-动臂;7-铲斗;8-摇臂

(2)履带式装载机。以履带式专用底盘并配置工作装置及操纵系统而构成的装载机,称为履带式装载机。

目前,90%以上的装载机采用轮胎式行走方式。这是由于轮胎式装载机具有机动灵活、作业效率高、制造成本低、使用维护方便等优点。同时，轮胎还具有较好的缓冲、减震等功能，能有效地减轻操作者的疲劳，提高操作的舒适性。现以轮胎式装载机为主，介绍装载机的结构、原理、操作和维护等内容。

2. 按装载机的柴油机安装位置

按柴油机安装位置，装载机可分为前置式、后置式两类。

（1）柴油机前置式。柴油机置于操作者前方的装载机。

（2）柴油机后置式。柴油机置于操作者后方的装载机。

目前，大中型装载机普遍采用柴油机后置的结构形式。柴油机后置不但可以扩大司机的视野，而且还可以兼作配重使用，以减轻装载机的整体装备质量。

3. 按装载机的转向方式

按转向方式，装载机可分为偏转车轮式、铰接转向式和滑移转向式3种。

（1）偏转车轮转向式。以轮式的车轮作为转向的装载机。

（2）铰接转向式。依靠轮式底盘的前轮、前车架及工作装置，绕与主机（后车架）铰接的中心销做水平摆动进行转向的装载机。

（3）滑移转向式。依靠轮式两侧的行走轮速度差实现转向的装载机。

偏转车轮转向的装载机要采用整体式车架，机动灵活性差；铰接式转向的装载机具有转弯半径小、机动灵活等优点，所以大中型装载机普遍采用铰接式的转向方式；由于滑移转向式装载机整机体积小，可以实现原地转向、机动灵活，可以在狭窄的场地作业，所以微型装载机普遍采用滑移式的转向方式。

4. 按装载机的驱动方式

按驱动方式，装载机可分为前轮驱动式、后轮驱动式和全轮驱动式3种。

（1）前轮驱动式。以行走装置的前轮作为驱动轮的装载机。

（2）后轮驱动式。以行走装置的后轮作为驱动轮的装载机。

（3）全轮驱动式。行走装置的前、后轮都作为驱动轮的装载机。

目前，装载机普遍采用全轮驱动方式。

二、装载机型号意义

按照国家标准规定，轮式装载机产品型号由产品的组、型、特性代号与主参数代号构成。如需增添变形、更新代号时，装载机的变型、更新代置于产品型号的尾部。

组代号：Z——装载机。

型代号：L——轮胎式。

特型代号：Q——全液压，LD——轮胎式井下装载机，LM——轮胎式木材装载机。

主参数：

装载机的额定装载质量t（吨）×10。

产品型号示例：

ZL50E装载机——额定装载质量为5t，第五次变形的轮胎式液力式机械装载机。

目前，我国装载机产品已形成系列，大批量生产的"ZL"系列装载机产品型号主要有ZL15、ZL30、ZL40、ZL50、ZL60等。

三、装载机的特点

某些装载机采用独特的结构或装置,使其功能或性能具有一定的特点,例如:

(1)铰接式车架,转弯半径小、机动灵活,便于在狭窄场地作业。

(2)液力变矩器传递动力,四轮驱动,能充分利用柴油机的功率,使整机具有较好的牵引特性;同时,装载机还能自动适应外界负载的变化,在一定范围内实现无级变速,并对传动系统和柴油机起保护作用。

(3)动力换挡,液压助力,全液压或流量放大转向,操纵轻便、灵活。

(4)气顶油、钳盘式四轮制动的制动系统,使制动更加可靠、有效。

(5)采用低压宽基越野轮胎,后桥可上下摆动,具有良好的越野性及通过性,以适应装载机在松软或崎岖不平的场地行驶和作业。

四、总体结构

装载机的总体结构包括动力装置、传动系统、转向系统、制动系统、行走装置、工作装置、液压系统、电气系统、操纵系统和辅助设备等,如图2-2所示。

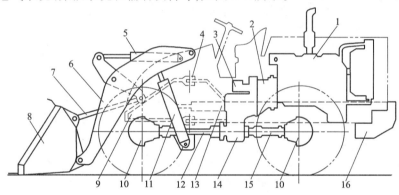

图2-2 轮式装载机总体结构示意图

1-柴油机;2-液力变矩器;3-工作泵;4-铰接销;5-转斗油缸;6-动臂;7-拉杆;8-铲斗;9-车架;10-驱动桥;11-动臂油缸;12-前传动轴;13-转向油缸;14-变速器;15-后传动轴;16-配重

(1)动力装置。装载机的动力装置,多采用直立式多缸水冷柴油机。

(2)传动系统。柴油机传来的动力,一部分经过变矩器传给变速器,再由变速器把动力经前后传动轴分别传给前后驱动桥,以驱动车轮转动;另一部分则传递给液压油泵(如变速泵、转向泵、工作泵等),为传动系统、转向系统和工作装置液压系统等提供动力。

(3)工作装置。工作装置由动臂、铲斗、摇臂和拉杆等零部件组成。动臂的后端通过动臂销与前车架连接,前端安装有铲斗,中部与动臂油缸相连接。当动臂油缸伸缩时,动臂绕动臂油缸后端销转动,实现铲斗的提升或下降。摇臂的中部与动臂连接,摇臂的两端分别与拉杆和转斗油缸相连,当转斗油缸伸缩时,摇臂绕转斗油缸中间支撑点转动,通过拉杆使铲斗上翻或下翻。

(4)车架。铰接式装载机的车架由前车架和后车架两部分组成,前、后车架之间用铰接销连接,依靠转向油缸的伸缩作用,使前、后车架绕铰接销相对转动,实现转向。后车架上安装有副车架或摆动桥支架,可以使后桥绕后车架在一定范围(一般为10°~15°)内上下摆动。

(5)制动装置。装载机的车轮上装有制动器,司机踩下制动踏板,通过传动构件使制动器产生制动作用,以降低装载机的行驶速度或使装载机停止运动。

第二节　装载机工作装置

一、工作装置

装载机工作装置的功用是用来对物料进行铲掘、装载等作业,它一般由铲斗、动臂、摇臂、拉杆等组成,如图2-3所示。

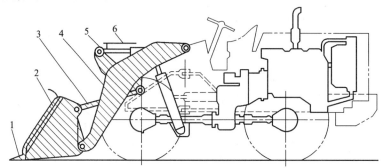

图2-3　装载机的工作装置
1-铲斗斗齿;2-铲斗;3-拉杆;4-动臂;5-摇臂;6-铲斗放平指示杆

(1)铲斗。铲斗是装载机铲装物料的重要工具。普通型铲斗的结构如图2-4所示,主要由主切削板8、斗壁5、侧板2、侧刀板3等焊接而成。

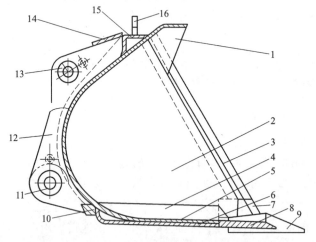

图2-4　装载机普通型铲斗的结构
1-加强板;2-侧板;3-侧刀板;4-加固板;5-斗壁;6-加强底板;7-副切削板;8-主切削板;9-斗齿;10-下限位块;11-下销轴座;12-支撑板;13-上销轴座;14-挡板;15-加固角铁;16-吊耳

主切削板和侧刀板由耐磨材料制成,以增加耐磨性,延长铲斗的使用寿命;铲斗的斗壁上部做成高出侧板的形式并与加强板焊合,以增强铲斗强度并防止举高铲斗时物料向后散落。

为了满足装载机的作业需要,根据作业对象的不同,将铲斗设计、制造成普通型、煤斗型与岩石型等结构形式。普通型铲斗的结构如图2-4所示,外形如图2-5所示。

装载机的作业条件非常恶劣,斗齿磨损严重,为此常将斗齿做成与铲斗分开的形式,以便斗齿磨损后能方便地更换。如图2-6所示为常见的可更换的普通斗齿结构。

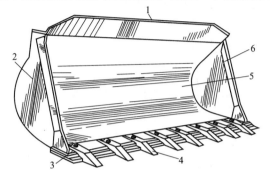

图2-5 装载机普通型铲斗的外形
1-加强板;2-侧板;3-主切削板;4-铲斗斗齿;5-斗壁;6-侧刀板

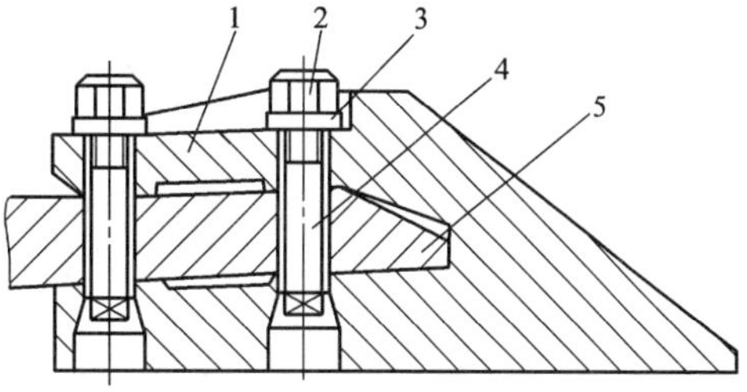

图2-6 装载机斗齿的安装
1-斗齿;2-螺母;3-垫圈;4-螺栓;5-铲斗主切削板

（2）摇臂。

①双摇臂工作装置。部分国产ZL40、ZL50等型号的装载机采用了双摇臂工作装置。双摇臂工作装置的结构特点为:动臂采用单板结构,双摇臂。

②单摇臂工作装置。国产ZL30型及近几年新设计制造的ZL40、ZL50型等装载机普遍采用了单摇臂工作装置,其结构如图2-7所示。

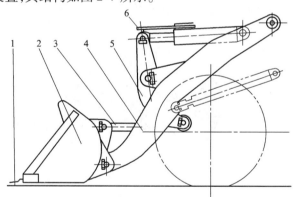

图2-7 装载机单摇臂工作装置
1-铲斗斗齿;2-铲斗;3-拉杆;4-动臂;5-摇臂;6-铲斗放平指示杆

单摇臂工作装置之所以被广泛应用,是因为它具有以下优点:结构简单;铰接点少,润滑点相应减少;操作者视野较开阔;把动臂横梁设置在动臂中部,提高了工作装置在偏载作用下的抗扭能力。

二、工作装置液压回路

装载机工作装置液压回路的功用是控制动臂和铲斗的动作。它主要由工作泵、多路换向阀(分配阀)、双作用安全阀、动臂油缸、转斗油缸、液压油箱、滤油器和油管等组成。如图2-8为ZL30型装载机工作装置液压回路。

（1）工作泵。在国产 ZL 系列装载机中,广泛使用 CBG 型齿轮泵作为工作泵,其工作原理如图 2-9 所示。

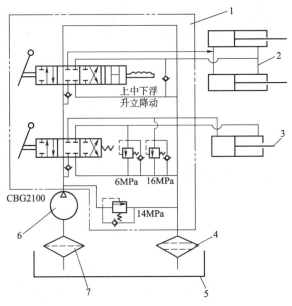

图 2-8　ZL30 型装载机工作装置液压回路
1-分配阀；2-动臂油缸；3-翻斗油缸；4-滤油器；5-液压油箱；6-工作油泵；7-滤油器

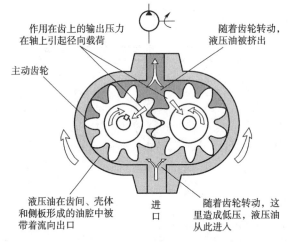

图 2-9　齿轮式工作泵工作原理

工作泵作为装载机工作装置液压系统的动力源,为工作装置液压系统提供满足工作装置需要的高压油。

（2）多路换向阀。在装载机中,通常需要多个换向阀来控制不同的工作机构（如提升动臂和反转铲斗等）。为了便于布置并减小阀体的尺寸,常将各换向阀组装在一个阀体内,构成多路换向阀（也称分配阀）,如图 2-10 所示。

多路换向阀的作用是：通过改变油液的流动方向,控制转斗油缸和动臂油缸的运动方向；也可使铲斗或动臂停留在某一位置,以满足装载机各种作业动作的要求。

国产 ZL 系列装载机中使用的分配阀多为手动整体式多路换向阀（有些装载机采用先导

控制的多路换向阀），它主要由转斗换向阀、动臂换向阀、安全阀三部分组成。转斗换向阀和动臂换向阀之间采用串并联连接油路。

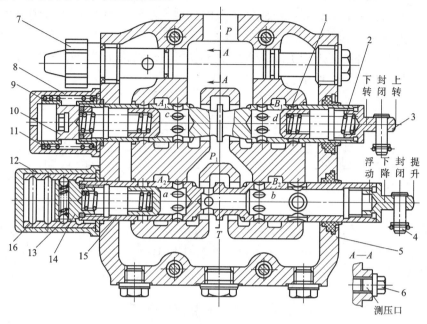

图 2-10 多路换向阀的结构

1-止回阀；2-弹簧；3-转斗滑阀；4-圆柱销；5-阀体；6-螺塞；7-安全阀组件；8-端盖；9-弹簧座；10-转斗复位柱塞；11-弹簧；12-端盖；13-钢球；14-动臂复位柱塞；15-动臂滑阀；16-定位套

（3）双作用安全阀。双作用安全阀安装在多路换向阀上的转斗油缸的前、后腔油路中，前、后腔油路各有一件。双作用安全阀的结构如图 2-11 所示。

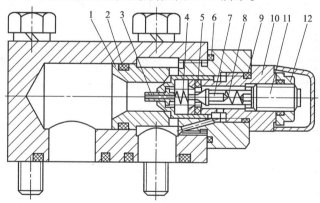

图 2-11 双作用安全阀的结构

1-阀套；2、6、9-O 形密封圈；3-滑阀；4-弹簧；5-锥阀；7-提动阀；8-调压弹簧；10-提动阀座；11-调压螺钉；12-锁紧螺母

双作用安全阀由补油阀和安全阀组成，作用如下：

① 当转斗换向阀处于中位时，转斗油缸前、后腔均封闭，安全阀能有效防止铲斗受到外界冲击载荷时换向阀与液压缸之间的液压元件或管路的损坏。

② 在动臂升降过程中，双作用安全阀可以进行泄油和补油，以防止连杆机构超过极限位置而导致有关元件损坏。

③当动臂提升至某一位置时,双作用安全阀可以进行泄油和补油,以防止转斗油缸前腔的压力急剧上升而造成液压油缸或液压管路的损坏。

④装载机在卸载时,双作用安全阀能够及时向转斗油缸前腔补油,使铲斗能快速下翻,撞击限位块,实现撞斗卸料。

(4)液压油缸。装载机中使用的转斗油缸和动臂油缸结构相似,多为双作用型单活塞杆液压缸。其结构如图2-12所示。

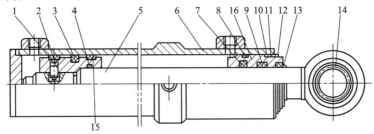

图2-12 双作用型单活塞杆式液压缸结构

1-支撑环;2-螺钉;3、4、7、8、9-密封圈;5-活塞杆;6-缸体;10-钢丝挡圈;11-挡环;12-挡圈;13-FC防尘圈;14-关节轴承;15-活塞;16-导向套

第三节 装载机传动系统

一、概述

装载机动力装置和行走装置(驱动轮)之间的传动部件总称为传动系统。

(1)传动系统的功用。传动系统的功用是将动力装置输出的动力按需要传递给行走装置和工作装置等。

装载机传动系统必须满足以下要求:

①根据装载机的作业或行走要求,传动系统能够将柴油机的转速适当降低、转矩增大。

②装载机需要倒退行驶时,传动系统能够保证在柴油机旋转方向不变的情况下,使驱动轮反向旋转。

③根据装载机的作业或行走要求,传动系统能够保证在柴油机在运转的情况下,停止动力传递,使装载机短时间停驻。

④当轮胎式装载机转弯行驶时,传动系统能够使左、右两车轮可以以不同的角速度旋转,保证装载机正常转向并防止其车轮滑动而加速磨损。

(2)传动系统的分类。传动系统按结构和传动介质的不同可分为四类:

①机械式。

②液力机械式。

③全液压式。

④电力式。

在四种传动方式中,装载机普遍采用液力机械式传动,少数装载机采用全液压式传动,只有极少数小型装载机采用机械式传动,矿山用大型装载机可采用电力式传动。

(3)装载机传动系统的组成。轮胎式装载机传动系统一般由柴油机、液力变矩器、变速器、驱动轴以及前后驱动桥等总成组成,如图 2-13 所示。

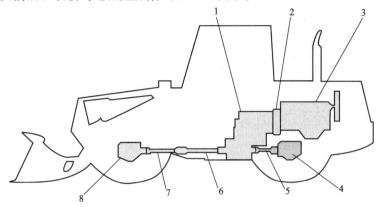

图 2-13　轮胎式装载机传动系统的组成
1-变速器;2-液力变矩器;3-柴油机;4-后驱动桥;5-后驱动轴;6-中央驱动轴;7-前驱动轴;8-前驱动桥

其动力传递路线为:

柴油机(动力)→液力变矩器→变速器 ┬→后驱动轴→后驱动桥
　　　　　　　　　　　　　　　　　　└→中央驱动轴→前驱动轴→前驱动桥

二、液力变矩器

(1)液力变矩器的功用。

①液力变矩器装在柴油机与变速器之间,利用流体的功能,平稳地传递柴油机的动力。

②装载机受到很大振动与冲击时,冲击不会附加到传动系统的齿轮和轴上,离合器也不易被损坏。此时,液力变矩器起保护作用。

③可以随装载机负载的变化而自动改变转速和转矩,使装载机适合不同工况的需要,实现一定范围内的无级变速功能,使装载机起步、运行平稳;操作更简便,提高工作效率。

(2)液力变矩器的基本结构。如图 2-14 所示,基本型液力变矩器主要由泵轮 1、导轮 2 和涡轮 3 等组成。液力变矩器的工作示意图如图 2-15 所示。

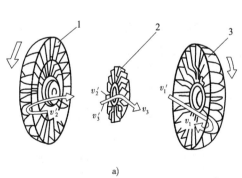
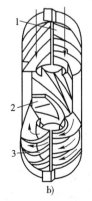

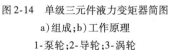

图 2-14　单级三元件液力变矩器简图
a)组成;b)工作原理
1-泵轮;2-导轮;3-涡轮

液力变矩器安装在柴油机与变速器之间,柴油机的动力通过与飞轮相连的液力变矩器的泵轮,使飞轮的机械能转变为液体的动能,流体的动能推动涡轮旋转,而涡轮与变速器输入轴相连,并将动力传递到变速器各个离合器。

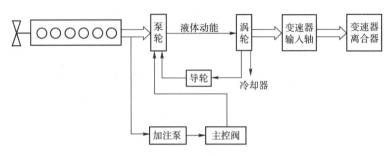

图2-15 液力变矩器的工作示意图

三、变速器

(1)变速器的功用。

①改变柴油机与驱动轮之间的传动比,从而改变装载机的行驶速度和牵引力,以适应装载机作业和行驶的需要。

②使装载机能够前进行驶或后退行驶。

③实现空挡,在柴油机运转的情况下切断动力传递,可使装载机能停止行驶或作业,便于发动机的起动和停车安全。

(2)装载机对变速器的要求。

①必须具备足够的挡位与合适的传动比,以使装载机具有良好的牵引性、燃料使用经济性和较高的生产效率。

②结构简单、工作可靠、传动效率高、使用寿命长、维修方便。

③换挡轻便可靠,不允许出现同时换两个挡、自动脱挡和跳挡等现象。

④动力换挡变速器还要求换挡离合器接合平稳、传动效率高。

(3)变速器的分类。

①按传动比的变化方式,变速器可分为有级式、无级式和综合式等。

a.有级式变速器。有级式变速器有几个可选择的固定的传动比,采用齿轮传动。

这种变速器又可分为齿轮轴线固定的普通齿轮变速器(定轴式变速器)和部分齿轮轴线旋转的行星齿轮变速器(行星式变速器)两种,多数ZL40、ZL50系列装载机采用行星式变速器,但ZL30型和部分ZL50型装载机也采用定轴式变速器。

b.无级式变速器。无级式变速器是指传动比可以在一定范围内连续变化的变速器。

按变速的实现方式,无级式变速器又可分为液力变矩式、机械式和电力式三种。

c.综合式变速器。综合式变速器是指由无级式变速器和有级式变速器共同组成的变速器。综合式变速器的传动比可以在最大值与最小值之间分段的范围内做无级变化。

②按前进挡时参加传动的轴数不同,变速器可分为二轴式、平面三轴式、空间三轴式与多轴式等不同类型。

③按操纵方式,变速器可分为机械式、动力式和离合器式等。

机械式换挡变速器。机械式换挡变速器是通过操纵机构来拨动齿轮。

在机械式换挡变速器中,齿轮与轴的连接情况有如下几种:

a. 如图2-16c)所示,表示齿轮与轴为固定连接,一般用键或花键连接在轴上,并轴向定位。

b. 如图2-16d)所示,表示齿轮与轴为空转连接,齿轮通过轴承装在轴上,可相对轴转动,但不能轴向移动。

c. 如图2-16e)所示,表示齿轮与轴为滑动连接,齿轮通过花键与轴连接,可轴向移动,但不能相对轴转动。

(4) 动力换挡变速器。如图2-17所示为动力换挡式变速器工作示意简图,齿轮a、b用轴承支撑在轴上,与轴空转连接。通过相应的换挡离合器,分别将不同挡位的齿轮与轴相固连,从而实现换挡。换挡离合器的分离与接合,一般是液压操纵,液压油是由柴油机带动的液压泵供给,可见,换挡的动力是由柴油机提供的,所以称为"动力换挡"。

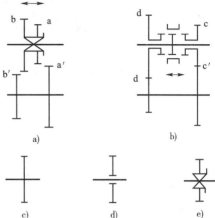

图2-16 机械换挡示意图
a) 机械式; b) 啮合齿套; c) 轴与齿轮固定连接;
d) 轴与齿轮空转连接; e) 轴与齿轮滑动连接

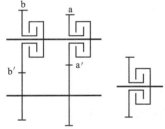

图2-17 动力换挡示意图

与动力式换挡变速器比较,机械式换挡变速器结构简单、工作可靠、制造方便、质量轻、传动效率高,但采用人力操纵,劳动强度大。同时,换挡时动力切断的时间较长。这些因素影响了装载机的作业效率,并使装载机在恶劣路面上行驶时通过性差。所以除少数小型装载机外,机械式换挡变速器已很少采用。

动力式换挡变速器结构复杂、制造困难、精度高、质量和体积较大,而且由于离合器有摩擦功率损失,使传动效率较低。但是,动力式换挡变速器操纵轻便、换挡快,换挡时动力切断的时间短,能实现在有负载的情况下换挡而不停车,大大提高了装载机的工作效率。由于装载机作业时换挡频繁,迫切需要改善换挡操作。因此,动力式换挡变速器在装载机上的应用很广泛。ZL系列装载机多采用动力式换挡变速器。

(5) 离合器。离合器通过油液压力推动活塞11,使主动摩擦片与从动摩擦片接合而产生摩擦力,将输入轴8的动力通过离合器齿轮输出。

如图2-18所示,分离盘与离合器缸体通过花键固定连接,离合器轴旋转时分离盘随之一起旋转,其数量比摩擦片多一个。摩擦片与离合器齿轮通过花键固定在一起,它表面一层为纸基,能提供较大的摩擦系数,与铜基相比质量轻,摩擦力大。另外,由于转动惯量小,对离合器中的齿轮、轴承等部件的寿命影响很小。

波形弹簧安装在两个分离盘中间,它主要作用是:当离合器不工作时,使摩擦片与分离盘快速分离,减少磨损而使离合器寿命延长。

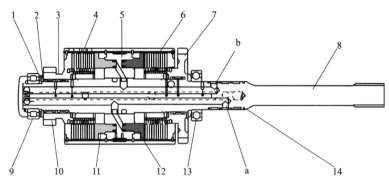

图 2-18 离合器工作原理

1-隔套;2-推力垫圈;3-倒退齿轮;4-倒退离合器;5-前进、倒退缸体;6-前进离合器 7-前进齿轮;8-输入轴;9-轴承;10-滚针轴承;11-后退离合器活塞;12-前进离合器活塞;13-轴承;14-密封圈;a、b-油孔

四、万向节

（1）万向节的分类。万向节是实现变角度动力传递的机件,用于需要改变传动轴线方向的地方。按万向节在扭转方向上是否有明显的弹性可分为刚性万向节和挠性万向节两类。刚性万向节又可分为不等速万向节（普通十字轴式万向节）、准不等速万向节（如双联式万向节）和等速万向节（如球叉式和球笼式万向节）三种。

装载机万向传动装置上使用的万向节为十字轴式刚性万向节。

（2）十字轴刚性万向节。十字轴式刚性万向节结构如图 2-19 所示,一般由一个十字轴、两个万向节叉和四个滚针轴承组成。两个万向节叉 3 和 6 上的孔分别套在十字轴 2 的两对轴颈上,这样当主动轴转动时,从动轴既可随主动轴转动,又可绕十字轴中心在任意方向摆动。为了减少摩擦损失,提高传动效率,在十字轴轴颈和万向节叉孔间装有滚针轴承 5,其外圈靠卡环 4 轴向定位。为了润滑轴承,十字轴上一般装有注油嘴并有油路通向轴颈,润滑油可从注油嘴注到十字轴轴颈的滚针轴承处。

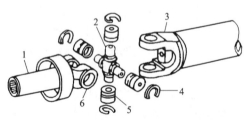

图 2-19 普通十字轴式万向节

1-套筒;2-十字轴;3-万向节（传动轴）;4-卡环;5-滚针轴承;6-万向节（套筒）叉

在十字轴万向节中,常见的滚针轴承定位方式有盖板式、内挡圈式和外挡圈式等多种。内挡圈式定位方式的特点是结构简单、零件少、工作可靠。因此,在装载机传动轴上得到了广泛应用。近年来,一些装载机上安装的万向传动装置,其万向节叉与十字轴轴颈配合的圆孔不是一个整体,而是两个瓦盖式的结构,两个瓦盖之间用螺钉连接,这种结构的特点是装卸方便、制造简单。

五、传动轴

（1）传动轴的结构。传动轴的结构,如图 2-20 所示。

（2）传动轴的结构特点。

①广泛采用空心轴。

②传动轴的转速较高,为避免离心力引起的剧烈振动,必须要求传动轴的质量沿圆周均匀分布,为此,传动轴通常用钢板卷焊成圆管轴。

③传动轴与万向节装配之后,要经过动平衡试验,用加焊小钢片的办法平衡。平衡后应在叉和轴上刻上记号,以便拆装时保持原来两者的相对位置。

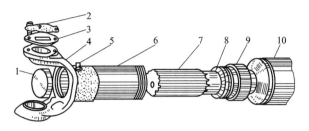

图 2-20 传动轴
1-盖子;2-盖板;3-盖垫;4-万向节叉;5-加油嘴;6-伸缩套;7-滑动花键槽;8-油封;9-油封盖;10-传动轴管

④传动轴的一端焊有花键接头轴,使之与万向节套管叉的花键套管连接,传动轴总长度可伸缩变化,花键总长度应保证传动轴在各种工况下,既不脱开也不会顶死。为了润滑花键,通过油嘴注入润滑脂,用油封盖防止润滑脂外流。有时还加防尘盖,以防止尘土进入。

⑤传动轴的一端则与万向节叉焊成一体。

有些装载机,由于变速器到驱动桥主传动器之间距离很长,如果用一根传动轴,因其过长,在运转中容易引起剧烈振动。为此,将传动轴分成两根或三根短,中间加支撑点,如图2-21所示。

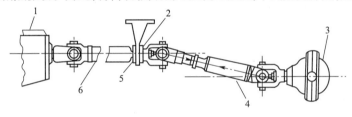

图 2-21 两段传动轴
1-变速器;2-中间支撑;3-后驱动桥;4-后传动轴;5-球轴承;6-前传动轴

六、驱动桥

(1)驱动桥的功用。装载机驱动桥位于传动系统的末端,是传动轴之后、驱动轮之前的所有传动机构总成。驱动桥的主要功用是:

①通过主传动器改变转矩的输出方向,把轴线纵置的发动机的转矩传到轴线横置的驱动桥两边的驱动轮。

②通过主传动器和最终传动将变速器输出轴的转速降低、转矩增大。

③通过差速器解决两侧车轮的差速问题,减小轮胎磨损和转向阻力,便于轮胎式装载机顺利转向。

④通过转向离合器,既能传递动力,又执行转向任务。

⑤驱动桥壳还起支撑和传力的作用。

(2)驱动桥的结构。装载机驱动桥主要由桥壳、主传动器(包括差速器)、半轴、轮边减速器以及轮胎轮辋等组成。

驱动桥安装在车架上,承受车架传来的载荷并将其传递到车轮上。驱动桥的桥壳又是主传动器、半轴、轮边减速器等的安装支撑体。

一般装载机的变速器中装有脱桥装置,脱桥拉杆置于两轮驱动的位置时仅前桥驱动,主要用于行驶;当脱桥拉杆置于四轮驱动的位置时接通后桥,使前、后桥同时驱动,用于装载机作业或牵引等。

(3)主传动器。主传动器的功用是将变速器传来的动力再一次降低转速、增大转矩,并将输入轴的旋转轴线改变90°后,经差速器、半轴传给轮边减速器。

(4)差速器。差速器的作用是解决两侧车轮的差速问题,减小装载机轮胎磨损和转向阻力。装载机安装的差速器一般为普通锥齿轮差速器。

第四节 装载机转向系统

一、概述

(1)装载机转向系统的功用。装载机转向系统的功用是用来控制装载机的行驶方向,它既能使装载机稳定地保持直线行驶,又能根据要求灵活地改变行驶方向。

(2)装载机转向系统的分类。按转向方式,装载机转向系统可分为偏转车轮式转向、滑移式转向和铰接式转向三类。现代装载机大部分采用铰接式转向。

图2-22为装载机的铰接式车架,由前车架和后车架组成。前、后车架之间用垂直的铰接销连接,并由转向油缸使前、后车架保持或改变相对夹角,使装载机运行。工作装置装载在前车架上,当前、后车架相对偏转时,装在前、后车架上的前、后驱动桥与车架一起偏转,工

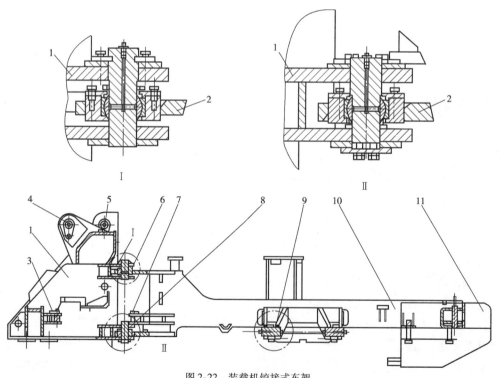

图2-22 装载机铰接式车架

1-前车架;2-后车架;3-前转向缸销;4-转斗销;5-动臂销;6-上铰接销;7-后转向缸销;8-下铰接销;9-副车架销;10-后车架;11-配重

作装置的方向始终与前车架的方向一致。这有利于提高装载机的工作效率,也使转向传动机构简单,因此铰接式转向成为装载机应用最广泛的转向方式。

按转向能源,装载机转向系统可分为机械式(人力)转向和动力转向两大类。由于装载机的作业环境比较恶劣,转向阻力较大,因此大多数装载机采用动力转向。

目前,装载机采用的动力转向系统中,有一部分老型号的"ZL"系列的装载机为液压助力转向,而 ZL30 型、新设计生产的 ZL40 型、ZL50 型及进口装载机则多采用全液压转向,有的还采用了流量放大转向系统。

二、液压助力转向系统

图 2-23 为一种 ZL50 型装载机的转向系统。该转向系统除油缸外,还包括转向油泵 13、辅助油泵 14、流量转换阀 15、转向阀 9 以及有关等其他附件。转向阀为一组合阀,它由转向控制阀 17、锁紧阀 16、止回阀 18 及节流孔等组成。

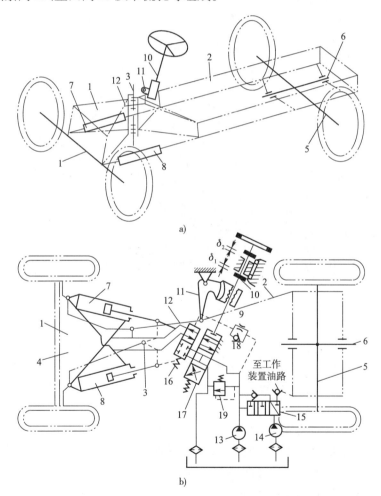

图 2-23 液压助力转向系统

1—前车架;2—后车架;3—垂直铰接;4—前驱动桥;5—后驱动桥;6—水平铰接;7、8—转向油缸;9—转向阀;10—转向器螺杆;11—转向垂臂;12—随动杆;13—转向油泵;14—辅助油泵;15—流量转换阀;16—锁紧阀;17—转向控制阀;18—止回阀;19—溢流阀

液压助力转向系统采用滑阀式转向加力器,它固定在后车架上。转向器的螺杆10与转向控制阀的阀杆固定在一起,螺杆的另一端则与转向盘轴焊接。转向垂臂通过球头铰与随动杆12铰接,而随动杆的另一端则与前车架铰接,操作者通过转向盘操纵转向控制阀来改变两个油缸前后腔的充油,使前后车架相对偏转,实现装载机的转向或直线行驶。

三、全液压转向系统

(1)全液压转向系统的组成。如图2-24所示,装载机全液压转向系统由转向油缸1、转向阀2、转向器3、转向盘4、液压泵5、液压油箱6、油过滤器7、油冷却器8和截止阀9组成。

制动泵产生的压力油经过蓄能器加注阀后,提供给转向器。当转动转向盘4时,与它相连的转向器3将产生先导油压作用到转向阀2上,使转向阀芯动作。转向阀芯动作后,来自转向泵的油通过转向阀流向转向油缸1,使机器转向。返回的油流经过冷却器8的冷却后返回液压油箱6。

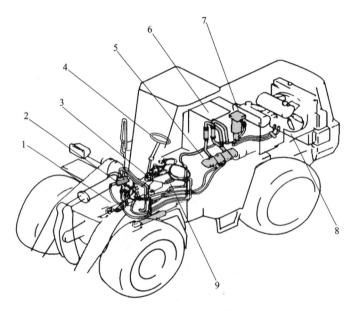

图2-24 全液压转向系统

1-转向油缸;2-转向阀;3-转向器;4-转向盘;5-液压泵;6-液压油箱;7-过滤器;8-冷却器;9-截止阀

(2)各元件的功用。全液压转向系统各元件之间的连接如图2-25所示。其各部件功能是:

①转向泵。提供转向油流。

②开关泵。当转向泵流量不足时,补充转向流量。

③加注阀。向转向器提供先导油压。

④转向器。形成转向先导控制油压。

⑤截止阀。当前、后车架将要相碰时,切断先导控制油路。

⑥转向阀。在转向先导油压控制下把转向泵来的油分配给转向油缸。

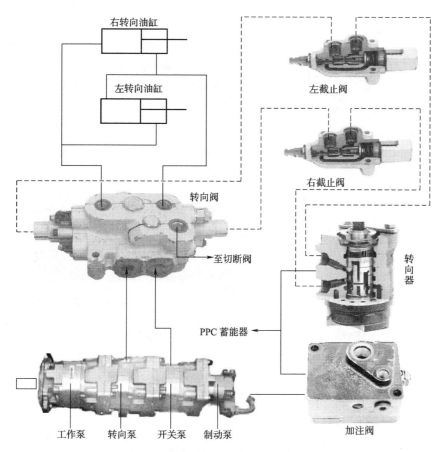

图 2-25 全液压转向系统各元件之间的连接

第五节 装载机制动系统

一、概述

1) 制动系统功用

制动系统是用来对行驶中的装载机施加阻力,迫使装载机降低速度或停车,以及在停车后使装载机保持静止状态,不致因路面倾斜或其他外力作用而移动。

2) 制动系统的组成

(1) 供能装置供给、调节制动所需能量,操作者可通过踩制动踏板 1 来提供制动能源,如图 2-26 所示。

(2) 控制装置包括产生制动动作和控制制动效果的各个部件,图 2-26 中制动踏板即是一种简单的控制装置。

(3) 传动装置是将制动能量传输到制动器,图 2-26 中制动主缸、油管及制动轮缸即是传动装置。

(4) 制动器是产生制动力矩的装置。图 2-26 中制动蹄摩擦片、制动鼓等组成制动器。

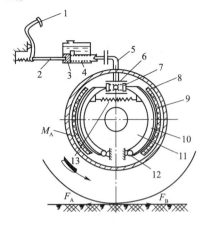

图 2-26 装载机制动系
1-制动踏板；2-推杆；3-主缸活塞；4-制动主缸；5-油管；6-制动轮缸；7-轮缸活塞；8-制动鼓；9-摩擦片；10-制动蹄；11-制动底板；12-支撑销；13-制动蹄复位弹簧

3）制动系统的分类

（1）按制动能源，制动系统可分为人力制动系、动力制动系和伺服制动系三种。

①人力制动系。人力制动系是指以操作者的动作为制动能源进行制动。

②动力制动系。动力制动系是指以发动机的动力转化成气压或液压形成的势能进行制动。

③伺服制动系。伺服制动系是指兼用人力和发动机动力进行制动。

（2）按制动器的结构形式，制动系统可分为蹄式制动系、盘式制动系和带式制动系三种。

（3）按制动系的功用，制动系统可分为车轮制动系、中央制动系和辅助制动系三种。

①车轮制动系。车轮制动系用于行车时制动，也称脚制动系。

②中央制动系。中央制动系用于停车时制动，偶尔也用于紧急制动，它一般装在传动轴上或车轮轴上，也称手制动系或驻车制动系。

③辅助制动系。辅助制动系用于下长坡时制动，一般是装在传动轴上的液力制动或装在发动机排气管上的排气制动。

4）制动系统的基本要求

（1）制动力矩大。制动器在一定的外形尺寸下，充分利用传力和助力机构传来的力，产生尽可能大的制动力矩，以确保装载机行车安全。

（2）操纵轻便省力，以减轻操作者的劳动强度。

（3）制动迅速平稳，解除制动时能迅速彻底地松开车轮。

（4）制动器的摩擦片材料应具有较大的摩擦系数和抗衰退性。制动器的摩擦片耐磨性要好、调整维修方便。

（5）制动器要具有良好的散热性，以确保其制动的稳定和安全。

二、行车制动系统

（1）功用。行车制动系统是用于装载机行驶中降低车速或停止的制动系统。由于制动时由操作者用脚控制制动器的作用，故又称为脚制动系统（简称脚制动）。在行车制动系统中，装载机每个驱动桥两端靠近轮边减速器处均装有制动器，作用时直接对车轮（制动盘）实施制动。行车制动器利用油压工作，在操纵时采用加力器，使操纵轻便。

（2）组成。装载机行车制动系统如图 2-27 所示，一般采用钳盘式、气顶油、四轮制动系统。该系统一般由空气压缩机 6、油水分离器 5、储气罐 7、制动阀 2、加力泵 4、制动选择阀 3以及盘式制动器 1 等组成。

（3）全封闭、湿式多盘行车制动系统。如图 2-28 所示，全封闭、湿式多盘行车制动系统由前桥（带制动器）、液压油箱、制动缸、蓄能器、制动阀、后桥（带制动器）及蓄能器加压阀组成。

第二章 装载机基本结构

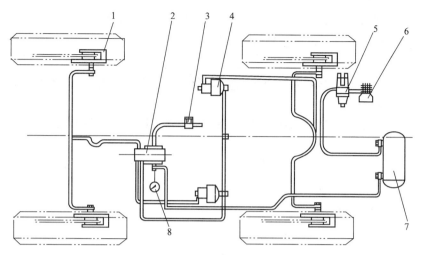

图 2-27　装载机行车制动系统
1-盘式制动器;2-制动阀;3-制动选择阀;4-加力泵;5-油水分离器;6-空气压缩机;7-储气罐;8-压力表

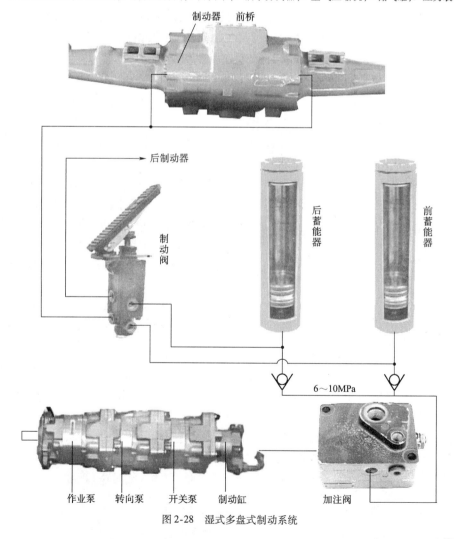

图 2-28　湿式多盘式制动系统

①制动缸提供转向控制先导油液和制动油液以及 PPC 控制油压。

②加注阀。控制制动蓄能器的压力,使其始终保持在 6～10MPa 并产生转向先导油压及 PPC 油压。

③蓄能器。储存足够的制动压力油,以便迅速实施制动;另外,即使发动机熄火,也能在一段时间内有效制动。

④制动阀。实施制动时,将蓄能器内的油引向前后制动器,同时根据踏板行程,调节制动力的大小。

⑤制动器。为湿式多盘制动器,通过抱住前后桥的太阳轮轴而实现制动。

三、驻车制动系统

(1)功用。

①用于装载机在运行中出现紧急情况时的制动,以及当行车制动系统气压过低时起安全保护作用。

②用于装载机停车(驻车)时制动,使装载机不致因路面倾斜或外力作用而移动。

(2)组成。装载机驻车制动系统如图 2-29 所示。它主要由控制按钮 2、驻车制动控制阀 3、制动气室 4、制动器 5、快速松脱阀 8 以及变速操纵切断阀 9 等组成。

(3)分类。装载机驻车制动系统可分为人工控制和自动控制两种制动方式。

①人工控制。当行车制动系统中压缩空气的压力在正常适用范围内时,从储气罐来的压缩空气进入驻车制动控制阀 3。按下控制按钮 2,驻车制动控制阀 3 打开,空气经气制动快速松脱阀 8 进入制动气室 4,顶杆 7 上移,拉动拉杆 6 转动,制动蹄片张开,解除制动;当需紧急或停车制动时,拉出控制按钮 2,驻车制动控制阀 3 关闭,切断压缩空气,系统中原有的压缩空气从驻车制动控制阀 3 及气制动快速松脱阀 8 排出,在弹力的作用下,顶杆 7 下移,拉杆 6 复位,制动蹄张开,实现制动。

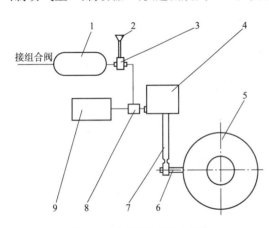

图 2-29 装载机驻车制动系统
1-储气罐;2-控制按钮;3-控制阀;4-制动气室;5-制动器;
6-拉杆;7-顶杆;8-快速松脱阀;9-切断阀

起动柴油机后,空气罐中压缩空气未达到最低工作压力以前,控制按钮按不下,驻车制动控制阀 3 打不开,制动器 5 处于制动状态,切断阀不通气,变速器无压力,装载机不能起步。在这种情况下应等一段时间,待气压达到安全标准时再起步。

②自动控制。在装载机运行过程中,如因漏气等情况使气压低于规定的安全气压时,驻车制动控制阀的控制按钮自动跳起,切断气路,实现紧急制动,以保证装载机运行安全。如果装载机在运行过程中出现紧急制动的情况,应立即停车检查气路,排除故障后方可再次起步。

第六节 装载机电气系统

一、概述

电气系统是装载机的重要组成部分,它的主要功用是起动柴油机以及完成照明、信号指示、仪表监测等工作。电气系统的好坏,直接影响到装载机的工作可靠性以及行车、作业安全等。随着电子技术的发展,装载机上所装用的电气设备越来越多,电气设备的功能越来越强。对实现操作自动化,提高装载机操作安全性、舒适性、经济性以及作业效率等方面,起着愈来愈重要的作用。

(1)电气系统的组成。装载机电气系统主要由以下6部分组成:

①电源部分,包括蓄电池(俗称电瓶)、发电机和调节器等。

②起动装置,主要包括起动机,其功用是起动柴油机。

③照明信号设备,主要包括各种照明和信号灯以及喇叭、蜂鸣器等。其功用是保证各种运行条件下的人车安全和作业的顺利进行。

④仪表监测设备,包括各种油压表、油压感应塞、冷却液温度表、冷却液温度感应塞、电流表、气压表、气压感应塞以及低压报警装置等。

⑤电子监控设备,包括各种电磁控制阀、微处理器、显示器、滤波及放大电路等。

⑥辅助设备,包括电动刮水器、暖风机以及空调等。

(2)电气系统的特点。

①低压。装载机电气系统的额定电压为24V,采用两个12V蓄电池串联。第一个蓄电池的正极与电源总开关(蓄电池继电器)相接,负极则与第二个蓄电池的正极相连,第二个蓄电池的负极搭铁。电源的钥匙开关控制整个电源电路的通断。打开钥匙开关,蓄电池继电器闭合,电气系统的电源接通,即可向用电设备供电。

②直流。柴油机的起动靠起动机完成。它是直流串激式电动机,必须由蓄电池供电,而向蓄电池充电也必须用直流电,这就决定了装载机电系为直流电系统。

③单线制。装载机所有用电设备均为并联,即从电源到用电设备只用一根导线连接,而用装载机车架、柴油机等金属机体作为另一公共"导线"。

由于单线制具有导线用量少、线路清晰、安装方便等优点,因此被广泛采用。采用单线制时,凡与金属机体相连接的导线叫"搭铁线"。若蓄电池的负极与车架等金属机体连接就称为"负极搭铁";反之称为"正极搭铁"。我国标准规定为负极搭铁。

二、电气总线路

1)装载机电气总线路应遵循的原则

装载机电气总线路是将电源、起动系、照明、仪表以及辅助电气装置等按照它们各自的工作特性以及相互间的内在联系,用开关、保险装置、导线等连接起来所构成的一个整体。

装载机电气总线路的结构形式、电气设备数量、安装位置、接线方法各有所异,但其线路一般都遵循以下原则:

（1）单线制。

（2）各用电设备均为并联。

（3）电流表必须能测量放电电流的大小。因此，凡由蓄电池供电的用电设备（起动电机除外），都要经过电流表与蓄电池构成回路。

（4）线路中均装有保险装置，以防止短路而烧坏导线和用电设备。

2）装载机电气总线路的构成

装载机电气设备总线路主要由电源电路、起动电路、仪表电路、照明与信号电路以及辅助电气设备电路等组成。

（1）电源电路。如图2-30为装载机电源电路，该电路中主要包括交流发电机、电子稳压调节器及蓄电池。该电路的特点是：

①钥匙开关控制电源总开关，打开钥匙开关，接通总电源。

②蓄电池与发电机并联，在起动发动机时，由起动按钮控制截流器的接通，在发动机起动后，截流器的接通则依靠中性线（N）。

③蓄电池的充放电由电流表指示。

（2）起动电路。起动电路的接线图如图2-30所示，该电路的特点为：

①起动机电磁开关由起动继电器控制，而起动继电器则由起动按钮控制。

②起动电机的线路不经过电流表，直接与电源总开关连接。

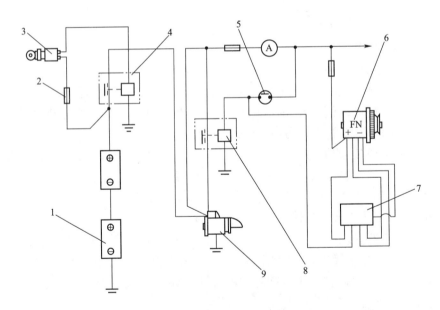

图2-30 电源及起动电路

1-蓄电池；2-熔断丝；3-钥匙开关；4-电源总开关；5-起动按钮；6-交流发电机；7-电子稳压调节器；8-起动继电器；9-起动电机

（3）仪表电路。如图2-31为装载机仪表电路，该电路的特点是：

①流经仪表电路的电流均经过电流表，并由钥匙开关控制，打开钥匙开关，仪表电路即通电。

②仪表传感器的外壳搭铁，内芯与仪表连接。

(4)照明、信号电路。如图2-32为装载机照明、信号电路,该电路的特点是:

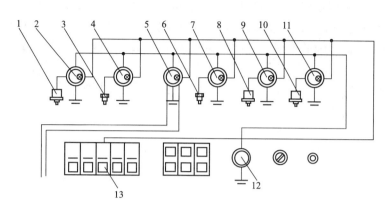

图 2-31　装载机仪表电路

1-柴油机油压感应塞;2-柴油机油压表;3-冷却液温度传感器;4-冷却液温度表;5-电流表;6-变矩器油温感应塞;7-变矩器油温表;8-变速器油压感应塞;9-变速器油压表;10-气压传感器;11-气压表;12-计时表;13-翘板开关组

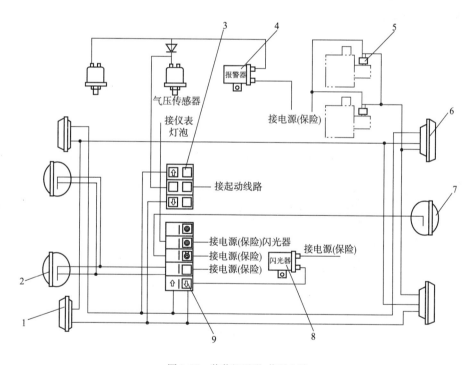

图 2-32　装载机照明、信号电路

1-示廓灯;2-前照灯;3-指示灯;4-报警灯;5-制动开关;6-尾灯;7-后照灯;8-闪光灯;9-翘板开关组

① 前照灯、示廓灯、仪表灯和后照灯等受灯系开关控制。
② 前照灯有两挡,用变光开关控制。

3)装载机电气总线路分析方法

在掌握了独立电系电路之后,要看懂电系总图还必须要简化电路图。简化电路图的方法有:

（1）每次仅追踪电流的一条回路，即从蓄电池正极出发，沿"火线"看经过哪些元件，最后经"搭铁"而回到蓄电池负极。这样反复多次，就可以得到独立的电系电路。

（2）先按独立电路中已知的主要电器（如电源电路中总是由蓄电池、电流表、发电机及调节器等），找出它们之间的连线，来得到独立电路。一般先找电源电路，再找各独立电源。

为了装载机上全车电气线路的排列整齐有序、安装方便，并保护电线的绝缘，一般都将同路的各条导线用绝缘带包扎成束。一台装载机的电气系统线路由几个线束所组成。线束之间用接线板或接插件连接。

第三章 装载机操作

第一节 操作元件

一、仪表、灯和开关

(1)操纵机构和仪表视图(图3-1)。

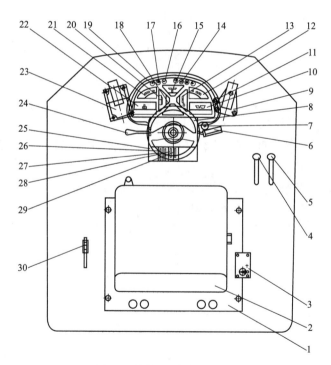

图3-1 操纵机构和仪表总视图

1-暖风机;2-座椅;3-暖风控制开关;4-铲斗操纵手柄;5-动臂操纵手柄;6-组合开关;7-电锁;8-转向盘;9-加速踏板;10-电压表;11-点烟器;12-制动气压表;13-变矩器油温表;14-变光指示灯;15-燃油油位表;16-油压报警器;17-充电指示灯;18-冷却液温度表;19-转向指示灯;20-发动机机油压力表;21-变速器油温表;22-小时计;23-制动踏板;24-变速器操纵手柄;25-仪表盘;26-前照灯开关;27-后照灯开关;28、29-风扇开关;30-驻车制动操纵手柄

(2)组合仪表(图3-2)。

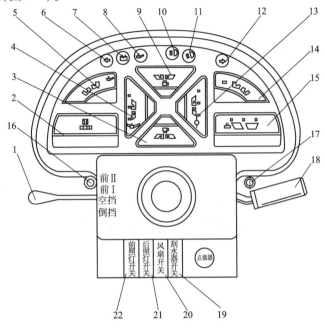

图3-2 组合仪表

1-变速器操纵手柄;2-小时计;3-发动机冷却液温度表;4-发动机油压表(柴油机机油压力表);5-变速器油压表;6-左转向指示灯;7-充电指示灯;8-发动机油压指示灯;9-柴油箱液位计;10-远光指示灯;11-近光指示灯;12-右转向指示灯;13-变矩器油温表;14-制动气压表;15-电压表;16-点烟器;17-电锁;18-组合开关;19-刮水器开关;20-电风扇开关;21-尾灯开关;22-前照灯开关

①柴油机冷却液温度表(图3-3)。如图3-2所示,柴油机冷却液温度表3位于仪表板中央下侧。此冷却液温度表表示了柴油机冷却液的温度。指针在绿色区域表示冷却液温度正常;如指针在红色区域,应立即停机,使装载机在无负载低速度运转,直到温度降到正常范围内,并对相关内容进行检查。

②液力变矩器油温表(图3-4)。如图3-2所示,液力变矩器油温表13位于仪表板中央右侧。指针在绿色区域表示液力变矩器油温正常;如指针在红色区域,应立即停机,使发动机在无负载中等速度运转,直到温度降到正常范围内,并对相关内容进行检查。

③燃油油位表(图3-5)。在图3-2中,柴油箱液位计9位于仪表板中央上侧。此油表表示了燃油箱中燃油的总量。"E"表示燃油箱"空";"F"表示燃油箱"满"。指针进入红色区域,应立即停机加油。

图3-3 柴油机冷却液温度表　　图3-4 液力变矩器油温表　　图3-5 柴油箱液位计

④柴油机机油压力表。如图3-2所示,柴油机机油压力表4位于仪表板中央左侧。指

针在绿色区域表示柴油机机油压力正常;如指针在红色区域,应立即停机,并对相关内容进行检查。

⑤变速器油压表。在图3-2中,变速器油压表5位于仪表板中央左侧。

⑥电压表。在图3-2中,电压表15位于仪表板右下侧。指针在绿色区域表示充电电压正常;如指针在红色区域,应立即停机,并检查充电电路。

⑦制动气压表。在图3-2中,制动气压表14位于仪表板右上侧。指针在绿色区域表示制动气压正常;起动装载机后,必须待指针进入绿色区域后,装载机方可行驶或作业,否则装载机制动系统将不起作用;在装载机行驶或作业过程中,如指针进入红色区域,应立即停机,并对相关内容进行检查。

(3)指示灯。

①转向指示灯。在图3-2中,左转向指示灯6和右转向指示灯12位于仪表板上部。转向指示灯与转向同步闪亮(图3-6)。

②近光指示灯。在图3-2中,近光指示灯11位于仪表板上部。近光指示灯与变光指示灯同步闪亮。

③远光指示灯。在图3-2中,远光指示灯10位于仪表板上部。远光指示灯与变光指示灯同步闪亮。

④发动机油压指示灯(图3-7)。在图3-2中,发动机油压指示灯8位于仪表板上部。发动机油压指示灯闪亮,说明发动机油压力低,应立即停机,并按相关内容检查。

如果起动柴油机时此灯不亮,可能是灯泡损坏,应检查更换。

⑤充电指示灯(图3-8)。如图3-2所示,充电指示灯7位于仪表板上部。充电指示灯闪亮,说明充电系统不正常,应立即停机,并检查充电电路。

(4)开关。

①开关组。在图3-2中,开关组位于转向盘下方,自右至左依次为刮水器开关19、风扇开关20、后照灯开关21和前照灯开关22。

②组合开关。在图3-2中,组合开关18位于转向盘下方右侧。组合开关共有四个位置:"0"位置时,所有变光指示灯关闭;"1"位置时,左后、右后、左前及右前示廊灯亮;"2"位置时,近光灯、左后及右后示廊灯亮;"3"位置时,远光灯、左后及右后示廊灯亮。

③电锁(图3-9)。在图3-2中,电锁17位于转向盘下方右侧,用于打开或关闭电源系统及起动发动机。"OFF"位置:可插入或拔出钥匙,如果钥匙旋转到此位置,起动电源断开,发动机关闭;"ON"位置:钥匙旋转到此位置,起动电源接通,柴油机运转过程中,保持钥匙在此位置;"START"位置:钥匙旋转到此位置,可起动柴油机,起动机起动期间,保持钥匙在此位置;柴油机起动后,要立即松手,钥匙会自动回到"ON"位置。

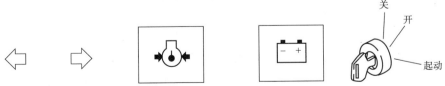

图3-6 转向指示灯　图3-7 柴油机油压指示灯　图3-8 充电指示灯　图3-9 装载机电锁

④喇叭按钮。喇叭按钮位于转向盘中央,按下此按钮时,喇叭会鸣响。

二、操纵手柄、踏板和其他

(1)操纵手柄。

①变速操纵手柄。如图3-1所示,变速操纵手柄24位于转向盘下方左侧,此操纵手柄用于控制装载机的行驶速度。

②驻车制动操纵手柄。如图3-1所示,驻车制动操纵手柄30位于驾驶座椅左侧,在离开装载机或停放时,一定要使用驻车制动操纵手柄;在装载机行驶的过程中不要使用驻车制动操纵手柄,驻车制动操纵手柄只用于驻车时。

③动臂操纵手柄。如图3-1所示,动臂操纵手柄5位于驾驶座椅右侧。

④铲斗操纵手柄。如图3-1所示,铲斗操纵手柄4位于驾驶座椅右侧。

(2)踏板。

①加速踏板。如图3-1所示,加速踏板9位于仪表板下方右侧。

②制动踏板。如图3-1所示,制动踏板23位于仪表板下方左侧。

(3)其他。

①点烟器。如图3-1所示,点烟器11位于转向盘下方右侧。

②小时计。如图3-1所示,小时计22位于仪表板左下侧,用于记录装载机运转小时数。

③驾驶座椅。如图3-1所示,驾驶座椅2位于驾驶室中间。驾驶座椅一般具有高度调节旋钮、前后调节手柄和弹性调节手柄。

④暖风机及暖风机控制面板。如图3-1所示,暖风机1位于驾驶座椅后方,暖风控制开关3位于驾驶座椅右下方,控制旋钮共有四个位置:"0"位置时,暖风机处于关闭状态;"Ⅰ、Ⅱ、Ⅲ"位置时,暖风机分别处于低、中、高三挡暖风强度。

第二节 安全操作规程

一、操作者安全通则

(1)在操作和维护装载机前,要确认"安全警示"牌的位置,详细阅读并遵守其相关内容。

(2)在操作和维护装载机时,必须通读并遵守所有规定。

(3)操作者必须经过专门的培训。

(4)操作者要戴工作帽、穿工作服,戴防护镜、手套并穿安全鞋。

(5)安全鞋底要保持清洁,装载机扶梯不得有油污。

(6)操作者上下装载机,如图3-10所示。

上下车时不得跳上跳下,切勿在行驶中上下装载机,以免发生意外伤害;上下装载机时,要面对装载机,与扶手和梯子之间始终保持三点接触(双脚与单手,或者双手与单脚),以确保安全;上下装载机时,切勿抓握任何操纵手柄;当上下装载机时,检查扶手和梯子,如果在扶手或梯子上有任何油污或污泥,应立即擦掉。另外,要修理扶手和梯子所有损坏部分,并拧紧所有松动的螺栓。

图 3-10　装载机扶梯位置

（7）注意防火。装载机驾驶室内要有灭火器，灭火器要防暴晒、火烤、雨淋并每月检查一次；所有燃油及润滑油都是可燃物；装载机加油时要禁止烟火；蓄电池不正确连接，可能引起火灾。装载机防火警示，如图3-11所示。

图 3-11　装载机防火警示

（8）要防止烧伤。在操作与维护装载机时，都要避免冷却液（发动机冷却液箱内）、液压油（液压系统中）、电解液（蓄电池内）直接与皮肤接触，否则会引起皮肤烧伤。

（9）要防止粉尘（图3-12）。在操作装载机铲装粉尘散料时，要将驾驶室门窗关闭，必要时要戴防护罩。作业完毕后，要背对风向，用水清洗装载机。

（10）离开驾驶室。当操作者离开驾驶室时，一定要保证安全操纵手柄和驻车制动操纵手柄处于锁定位置。如果偶然触动未锁定的操纵手柄，工作装置可能突然动作，从而造成人员严重伤害或损坏装载机；当操作者离开驾驶室时，一定要把工作装置降至地面，把安全操纵手柄和驻车制动操纵手柄处于锁定位置，然后关闭柴油机，取出钥匙并随身携带。

（11）高温时操作的安全措施（图3-13）。当装载机刚刚停止工作时，柴油机冷却液、机油和液压油都处于高温或高压状态，这时若取下盖子，排放油或者冷却液，或更换滤清器，都可能导致严重烫伤。一定要等温度降下来之后，按照规定的步骤进行上述工作。

为防止热水飞溅，在取下散热器盖之前，要关闭发动机，并让冷却液冷却下来，慢慢拧开盖子，释放内部高压气体，然后才能取下盖子（当检查冷却液温度是否下降时，先用手靠近散热器表面检查空气温度，注意不要碰到散热器）。

为防止热油飞溅，在取下油箱盖之前，要关闭发动机，并让油冷却下来，慢慢拧开盖子，释放内部高压气体，然后才能取下盖子（当检查油温是否已下降时，先用手靠近液压油箱正面检查空气温度，注意不要碰到液压油箱）。

（12）防止被挤伤或切伤，不要把手臂或身体其他部分伸入或放在活动部分之间，如工作装置与液压缸之间，或车体与工作装置之间等（图3-14）。当装载机工作时，这些间隙会发生变化，可能导致装载机严重损坏或人身伤害。

图 3-12　装载机防粉尘警示　　图 3-13　装载机防高温警示　　图 3-14　装载机防止挤伤或切伤警示

二、装载机安全操作通则

（1）装载机作业前，要认真检查作业区域内的情况，包括人、障碍物、道路等。

（2）装载机操纵手柄挂有警告标牌时，不得起动发动机。

（3）装载机驾驶室玻璃、车灯、后视镜等要完整、清洁。

（4）柴油机起动之前应进行如下操作。

①要鸣笛警告。

②工作装置操纵手柄必须置于"中"位。

③变速器操纵手柄必须置于"空"挡。

④驻车制动操作手柄置于"制动"位置。

（5）高压线附近作业。

①装载机在高压线附近作业时，要保持表 3-1 中的安全距离。

安全距离数值　　　　　　表 3-1

电压(kV)	6.6	33.0	66.0	154.0	275.0
安全距离(m)	3	4	5	8	10

②要穿橡胶鞋或用皮革座垫。

③如装载机离电线较近，应由专人指挥工作。

④如果工作装置接触了电缆，司机不应离开驾驶室。

⑤当靠近电缆施工时，不要让任何人靠近装载机。

（6）装载机空车行驶。

①铲斗要高于地面 40～50cm。

②在坑洼不平的路面上行驶时，必须低速。

③不要在坡道上横向行驶。

④不要在坡道上转向。

⑤坡道行驶时，要保持铲斗距离坡面 20～30cm。

⑥下坡时，严禁柴油机熄火。

⑦倒车时，要鸣笛。

（7）其他条件下行驶。

①在隧道、桥梁、车库进出和作业时，要注意高度。

②在雪地行驶时，要加防滑链。

③在坡道停放时，要用木块垫住车轮。

④装载机不能在松软路缘作业及行驶,否则可能引起翻车。
⑤如需人员站于铲斗内,铲斗应始终保持水平位置。
⑥铲装木材,要更换专用铲斗。
⑦装载机作业中,要避开斜坡处的台阶及障碍物。
⑧装载机作业及行驶中,机上不要留人。
⑨装载机起重作业时,起吊质量要小于规定值。
(8)装载机运输(图3-15)。

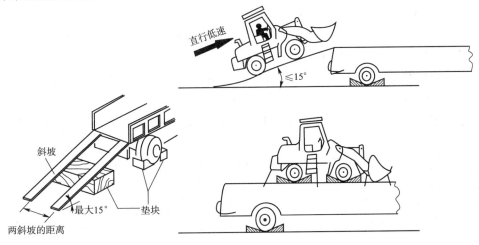

图3-15　装载机运输

①装卸装载机时,总有潜在的危险,要特别小心。装卸装载机时,发动机要低速运转,车辆应低速行驶。
②只能在坚硬的平地上进行装卸,离路边缘要有一段安全距离。
③装卸前。一定要用垫块垫住拖车的车轮和斜板。
④使用的斜板强度要足够,保证斜板有足够的长和宽,以构成具有安全斜度的斜坡,并保证斜板稳固的放置和固定,两侧斜板要在同一平面内。
⑤不要在斜板上转动转向盘,如果必要,退下斜板并校正方向后,再次爬上。
⑥保证斜板表面清洁,没有油污、冰或其他松散物,清除装载机上的污物。
⑦装载完毕,用木块垫住装载机的车轮,并使车辆可靠停住,要用坚固的绳索固定装载机。
⑧当用拖车装运装载机时,要遵守国家、地区关于货物长、宽、高的有关规定,并且要遵守所有适用法律。
⑨决定运输路线时,应当考虑长、宽、高的通过性。
(9)装载机吊装。
①吊装时,要锁闭车架锁。
②要在规定的吊钩处起吊。
(10)装载机牵引作业。
牵引只用于将其他车辆拖至可检修的地方,不能用于长距离移动其他车辆(图3-16)。

①牵引作业时的注意事项。

a. 以错误的方式牵引会造成一系列的伤害或损坏。

b. 当用其他车辆牵引装载机时,要使用强度足够的绳缆。

c. 牵引阻力要小于规定值。

d. 不能使用任何卷曲、打结的牵引绳。

e. 不要横跨或靠近牵引绳缆。

f. 当连接被牵引的车辆时,不要让任何人进入牵引车和被牵引车之间。

g. 使牵引车的轴线和被牵引部分处于同一轴线上,保证其处于正确位置。

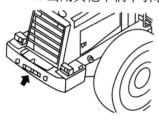

图 3-16　装载机牵引位置

②除紧急情况外,装载机不能被牵引。如果必须被牵引,也只能近距离牵引。如需长距离移动,应使用专用的拖车。近距离牵引需要按以下步骤进行:

a. 不能制动时,在车轮下垫上挡块,以阻止车辆移动,如果没有挡块,则车辆可能会突然移动。

b. 拖牵装载机时,拖牵速度应该在 2km/h 以内,尽可能只拖至最近的修理场所。

c. 在车辆上安装护板,以便在牵引绳或牵引销断裂时保护操作员。

d. 如果被牵引的装载机的转向和制动不能工作,不要让任何人上车。

e. 如果牵引车辆要通过泥地或上坡,则至少需要能承受 1.5 倍机重的两根拖绳或牵引钩。

f. 尽可能减小拖绳的角度,保证拖绳与两机中心的夹角在 30°以内。

g. 如果突然开动车辆,则拖绳或拖杆上的受力将加倍,可能使之断裂,应以合适的速度缓缓开动车辆。

h. 一般来说,拖车和被拖车辆应为同一级别,检查拖车的制动力、质量、牵引力,看其是否能在斜坡上或牵引道路上控制两辆车量。

i. 当拖牵车辆下坡时,需要使用有足够牵引力和制动力的车辆,可加用一辆车在被拖车的后面,这样可保证车辆被拖牵时,不会出现失控和翻车。

j. 拖牵工作可能在各种不同的条件下进行,所以很难定出一个统一的标准,在平坦水平道路上拖牵时需要的牵引力较小,在斜坡上或不平的路面上拖牵时则需要较大的牵引力。

③发动机能起动时。

a. 如果变速器和转向盘操作正常,柴油机可以运转,则可以将装载机拖出泥地或移到路边。

b. 装载机被拖移时,操作者应在被拖车辆上。

④发动机不能起动时。

a. 若变速器不能得到液压油供给,则拆下前、后传动轴。如果必要,垫住轮胎,避免车辆移动。

b. 若转向不能操作,则拆下转向油缸。即使制动情况很好,也只能使用有限的几次,尽管踩制动踏板的力没有改变,但每踩一次,制动力就会下降一次。

c.拖移设备的连接要牢固,进行拖移作业时,至少要用两台与被拖移车辆同级别的车,前后各连接一辆,然后拿走轮胎处的挡块。

(11)处理高压胶管(图3-17)。

图3-17　防止高压油外溅警示

①不要弯曲或用硬物敲打高压胶管,不要使用任何弯曲或有裂缝的软、硬油管,否则可能引起爆裂。

②一定要修好松掉或破裂的油管,如果有油料泄漏,可能引起火灾。

③工作装置油路中的液压油总是有压力的,在放掉内部压力之前,不要加油、放油或进行维护、检查工作。

④如果高压油在小孔处泄漏,高压油喷洒在皮肤上或溅入眼睛中是非常危险的,一定要戴上安全眼镜和厚手套,并用厚纸板或小木片去检查泄漏。

⑤如果被高压油流冲击,应立即进行治疗。

(12)轮胎。

①轮胎使用。如果轮胎不在所要求的环境下使用,则其可能因过热或被尖锐石块和粗糙路面切削而爆裂,这会造成严重伤害。轮胎的充气压力必须在规定的范围内,气压不足时特别容易发热。

②拆除、修理、安装轮胎需要专门的工具和技术。

③如果在轮胎装上轮辋时加热,就会产生易燃气体,如果着火,轮胎就可能因爆炸而引起严重伤害或损坏。这不像轮胎因刺穿而爆裂,如果轮胎爆炸,会产生极大的破坏力。因此安装轮胎时,绝对禁止以下操作:焊接轮辋、在轮胎附近使用明火或进行焊接作业(图3-18)。

④轮胎堆放(图3-19)。轮胎堆放在仓库里,未经允许的人员不得进入。如果轮胎露天堆放,一定要挂上警告牌;要把轮胎立放在平地上,用垫块垫牢,以防滚动或倒下;如果轮胎倒下,应尽快躲开,装载机的轮胎非常沉重,轻易不要试图将其扶起,以免对人员造成严重伤害。

 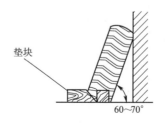 

图3-18　防止焊接火花警示　　　　　图3-19　防止轮胎倾斜警示

三、起动柴油机之前的安全注意事项

(1)现场安全。
①起动之前,检查周围有没有可能引起危险的异常条件。
②检查地形和土质,选择最好的工作方法。
③当在公路上工作时,要有专人负责指挥交通,并设置路障,以保证交通和行人的安全。
④当在有水管、煤气管道等地下暗埋设施的场所施工时,应注意与主管公司联系,以确保管线的位置,并注意在施工过程中不要损坏(图3-20)。
⑤当在水中工作或通过沙堤时,先要检查地面质量、水深和流速,确保其不超过允许的水深。

图3-20 装载机施工安全警示

(2)防火。
①完全清除发动机上积聚的木屑、树叶、纸等易燃物,它们可能引起火灾。
②检查燃油、机油和液压油有无泄漏,修好有泄漏的地方,除掉所有过量的油或其他易燃液体。
③保证有一个可用的灭火器。
④不要在任何明火附近操作装载机。

(3)在驾驶室内。
①不要把工具和备用件胡乱放置在驾驶室内,它们可能损坏或打断操纵手柄或开关,要把它们保存在装载机的工具箱内。
②保持驾驶室地板、操纵手柄、踏板和扶手上无油料、润滑脂或其他污物。
③擦干净所有的窗户和车灯,以确保有清晰的视野。
④调整后视镜并保持镜面清洁,以使司机能在驾驶座上清晰地看见装载机后方的情况。若有任何破裂应及时更换。
⑤保证顶灯和工作灯正常开亮。

四、操作装载机的安全注意事项

(1)起动发动机时。
①在上车前再一次绕车检查,以确定没有人或其他障碍物。
②如在操纵手柄上挂有警告标志时,千万不能起动柴油机。
③在座椅上坐好之后,才能起动柴油机。
④不要让司机以外的任何人进入驾驶室或装载机的其他地方。
⑤对于安装了倒车警告蜂鸣器的装载机,应确定蜂鸣器能正常工作。

(2)倒车时。
①鸣笛警告周围人员。
②确定装载机周围没有其他人,尤其注意车后(图3-21)。
③如果需要,派专人检查安全,特别是装载机倒行时。

④当在危险区域或视野很差的情况下,要派专人指挥现场交通。

⑤不要让任何人进入装载机行驶路线。

(3)行车时。

①在平路上行驶时,铲斗高出地面 40~50cm。

②在不平整的路面上行驶时,行驶速度要低,并且转向要平稳,避免突然转向。

③如果在行驶时柴油机熄火,则转向盘不能使用,这是很危险的,此时应立即制动,停止装载机的运行。

(4)在斜坡上行驶(图3-22)

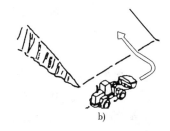

图 3-21　装载机倒车安全警示　　　　图 3-22　装载机在坡道上行驶
　　　　　　　　　　　　　　　　　　　　a)不正确;b)正确

①在陡峭山坡、堤坝或斜坡上行驶时,可能导致翻车或打滑。

②在山坡、堤坝或斜坡上行驶时,使铲斗接近地面(离地面 20~30cm),在紧急情况下,应迅速将铲斗降至地面,以帮助装载机停车并防止翻车。

③不要在斜坡上转弯或横穿斜坡,要行驶到平坦的地方后进行这类操作。如果必须在斜坡上转向,转向前应先降低工作装置于整机重心以下,工作装置在举升状态下,在斜坡上转向是十分危险的。

④不要在落叶、草地或湿钢板上来回穿行,这些地方可能会使车轮打滑。若沿坡边缘行驶时,应保持非常低的速度。

⑤装载机下坡时应缓慢行驶,并利用发动机制动,绝对不允许脱挡滑行;如果在下坡时频繁地使用制动,制动器会因过热而受磨损,要避免此问题就要降低装载机的速度,增加柴油机的制动力。

⑥当柴油机在斜坡上熄火时,应立即完全踩下制动踏板,放下铲斗,并使用驻车制动,将方向控制手柄及速度控制手柄置于空挡,再重新起动柴油机。

⑦装载机载重在坡上行驶时,上坡时前进,下坡时后退。

(5)操作时。

①注意装载机不要靠近悬崖边沿,当筑堤、推土或在悬崖上倒土时,先倒一堆,然后用后一堆去推前一堆。

②不要让铲斗撞翻斗车或已挖沟渠的侧面。

③当装载物被推出悬崖或装载机到达斜坡顶端时,载荷会突然变小,装载机速度会突然增加,所以此时一定要减速。

④不要迎风进行装载施工,以防灰尘飞扬。

⑤当满载时,特别要防止装载机突然起步、突然转向或突然制动。
⑥装载时,保证在工作区域没有别人,装载时尽量减小冲击。
⑦在黑暗处施工时,要打开工作灯和顶灯,需要时加设工地照明设施;雾天、雪天和雨天要停止施工,等到天气转好且能够安全施工时才可重新工作。

(6)在雪中操作。
①当装载机在积雪或结冰的道路上施工时,只要有一点小坡度都会有滑到边沿的危险,所以要缓慢运行,特别要防止装载机突然起步、突然转向或突然制动。
②装载机在执行扫雪任务时,要特别小心,因为此时看不到路肩或其他埋在雪下的东西。
③当装载机在有积雪的路上行驶时,一定要安装防滑链。
④装载机在有积雪的山坡上行驶时,不要突然使用制动,要把铲斗降到地面以下后再停车。
⑤要减小装载质量,并注意不要使装载机车轮打滑。

(7)在松软地面施工时。
①装载机不要过分接近悬崖、峭壁和深沟施工,这些部位很容易出现崩塌,从而导致严重的损坏和伤亡,尤其是在大的风雨之后,这些部位的承载能力将大大下降。
②沟附近的土壤比较松软,可能会因为装载机的质量或震动引起崩塌。
③装载机在危险地域和有掉落砂石或其他东西的地方施工时,要安装防护装置。
④装载机在有掉落砂石和车辆翻倒的危险地方施工时,一定要安装和使用防翻滚装置和座椅安全带。

(8)装载机在水中、沼泽地行驶或工作时(图3-23)。
不能让驱动桥壳底部着水,工作完成后,要清洗检查润滑脂加注部位,并加注新的润滑脂。

(9)制动失灵。
如果装载机在行驶或工作时制动失灵,则应用驻车制动器来停车。注意,驻车制动器制动装载机只有在紧急情况下才能使用。

(10)作业后的检查。
作业后要通过仪表及指示灯检查柴油机液温、油压、变矩器油温及燃油液面,如果柴油机过热,不要立即熄火,将柴油机怠速运转,直至柴油机渐渐冷却后再熄火。

(11)装载机停车后的检查。
①绕装载机四周检查工作装置、车体及车架,也要检查油液的泄漏,如果发现泄漏或不正常的情况,应立即进行维修。
②燃油箱加满油。
③除去驾驶室内的废纸、树叶等杂物,这些可能导致失火。
④除去粘在底盘上的泥浆、水,避免因泥、水或污物进入密封处,从而损害密封性能。

(12)上锁。
一般锁定图3-24中①~③位置。
①燃油箱盖。

②发动机侧板(左、右)。

③驾驶室门。

(13)车辆停放时。

①尽量在平地停车,如果一定要停在斜坡上,要用木块垫住车轮,以防止装载机移动(图3-25)。

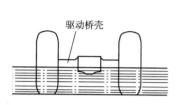
图3-23 装载机在水中

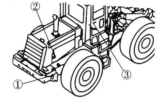
图3-24 装载机锁定位置

图3-25 装载机在斜坡上停放

②当在公路上停车时,注意使用旗帜、防护栏、灯光或其他标志,以保证过往车辆和行人能够清晰地看见本装载机。

③离开装载机时,把工作装置放至地面,把安全操纵手柄置于锁定位置,然后停止发动机,用钥匙锁住所有装置,钥匙要随身携带。

五、蓄电池

(1)防止蓄电池危险(图3-26)。

图3-26 蓄电池警示图

①蓄电池电解质中含有硫酸,一旦溅到身体上,则会烧坏皮肤和衣服。如果身上沾到硫酸,要立即用水冲洗干净。

②蓄电池的酸液会致盲,一旦蓄电池的酸液溅入眼睛,应立刻用大量的水冲洗,并赶快前往医院。

③如果误饮电解液,要立刻喝大量的水或牛奶、鸡蛋或菜油,并赶快前往医院。

④处理蓄电池时,要一直戴着安全眼镜或护目镜。

⑤蓄电池会产生氢气,氢气易燃,很容易被火星或火苗点燃。

⑥处理蓄电池前,停止柴油机运转并把点火开关置于切断位置。

⑦当拆卸或安装蓄电池时,应检查正负极。

⑧要可靠地固定蓄电池盖和紧固电极,松动的电极可能引起火花,从而引起爆炸。

(2)用充电电缆起动装载机的发动机。

①用充电电缆起动装载机时的注意事项(图3-27)。

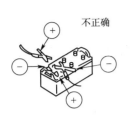

图3-27 蓄电池连接警示图

a. 当用充电电缆起动时,一定要戴着安全镜或护目镜。

b. 当用其他机械的蓄电池起动时,不要让两机械接触。

c. 当使用充电电缆时,一定要先连接正极电缆。拆除时,一定要先拆卸负极搭铁线。

d. 如果有金属工具同时接触正极和底盘,会产生火花,这是非常危险的,所以一定要小心操作。

e. 并联蓄电池时,要正极连接正极,负极连接负极。

②连接充电电缆(图3-28)。

a. 检查并确定正常装载机和故障装载机的起动开关都在"关闭"位置。

b. 充电电缆Ⓐ的一个夹子夹在故障装载机的正极上。

c. 充电电缆Ⓐ的另一个夹子夹在正常装载机的正极上。

d. 充电电缆Ⓑ的一个夹子夹在正常装载机的负极上。

e. 充电电缆Ⓑ的另一个夹子夹在故障装载机的发动机缸体上。

③起动柴油机。

a. 保证夹子可靠地夹在蓄电池接线柱上。

b. 转动故障装载机的起动开关,起动故障装载机。如果第一次不能起动,至少等15s才能再次起动。

④断开充电电缆(图3-29)。

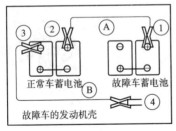
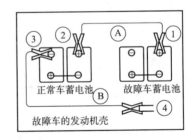

图3-28 装载机连接充电电缆　　图3-29 装载机断开充电电缆

柴油机起动后,用与连接时相反的顺序断开充电电缆。

a. 在故障装载机的发动机缸体上取下充电电缆Ⓑ的一个夹子。

b. 在正常装载机的负极上取下充电电缆Ⓑ的另一个夹子。

c. 在正常装载机的正极上取下充电电缆Ⓐ的一个夹子。

d. 从故障装载机蓄电池负极上取下充电电缆Ⓐ的另一个夹子。

(3)拆卸和装配蓄电池。

拆除蓄电池时,先断开搭铁线,如图3-30所示;安装蓄电池时先装正极。如果无意中有金属工具接通正极和底盘,会有产生火花的危险。

(4)蓄电池充电时的注意事项。

①充电前先将电缆从蓄电池负极拆除,否则会产生高压,损坏交流发电机。

②蓄电池充电时,卸下所有的蓄电池螺塞,以得到较好的通风条件。不要让火或火花靠近蓄电池,避免爆炸。

③如果电解质温度超过45℃,停止充电一段时间,等温度下降后再充电。

④充电完毕,立即关掉充电电源。充电过量会导致下列情况。

a. 蓄电池过热。

b. 电解液量减少。

c. 电极板损坏。

⑤不要将正极和负极相混淆,以免损坏交流发电机。

⑥对蓄电池进行电解液液位和比重测量时,不要接触蓄电池电缆。

六、维护装载机前的安全注意事项

(1)注意警告标记。

①如果其他人在你进行维护或润滑时起动柴油机或操作操纵手柄,可能会造成伤亡。

②一定要在操纵手柄上挂上警告牌,以告诉别人正在维护车辆,必要时,在车周围挂上其他警告牌(图3-31)。

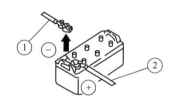

图3-30 蓄电池拆卸

图3-31 警告标记

(2)定期更换关键安全部件(表3-2、图3-32)。

①不管表3-2、图3-32部件看起来有没有损坏,都应定期更换,这些部件会随时间而老化。

更换关键部件表 表3-2

序号	定期更换的关键部件	更换时间
1	燃油管(滤油器—喷油泵)	每2年或4000h(以先到为准)
2	燃油回油管(喷油泵—燃油箱)	
3	燃油管(燃油箱—滤油器)	
4	燃油出油管(喷油嘴之间)	
5	涡轮增压器回油管	
6	转向油管(泵—转向阀)	
7	转向油管(转向阀—转向油缸)	
8	转向油管(转向阀—停止阀)	
9	转向油管(全液压流量放大转向器—停止阀)	
10	转向油管(全液压流量放大转向器—转向泵)	

续上表

序号	定期更换的关键部件	更换时间
11	转向油管(全液压流量放大转向器—油箱管接头)	每2年或4000h(以先到为准)
12	转向油缸的衬垫、密封件及O形圈	
13	制动油管(泵—注油阀)	
14	制动油管(止回阀—蓄能器)	
15	制动油管(蓄能器—制动阀)	
16	制动油管(制动阀—前制动器)	
17	制动油管(制动阀—油箱)	
18	制动油管(制动阀—后制动器)	
19	制动油管(注油阀—油箱)	

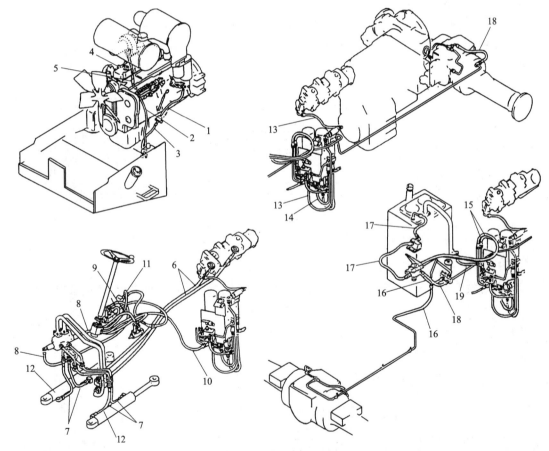

图 3-32　定期更换的关键部件位置
(图注见表3-2)

②即使没有到更换期,只要看起来有任何缺陷,都要更换它们。

③更换软管时,一定要同时更换O形圈及密封垫。

(3)要用正确的工具。只能使用正确的工具进行维护操作,使用坏的、低劣质量的、有缺陷的、临时代用的工具,都可能造成零部件的损伤。

(4)检查和维护前先停止发动机,装载机维护时电锁位置如图3-33所示。

①进行检查和维护前,先把装载机停在坚硬平整的地面上并关闭发动机。

②如果需要装载机在发动机运转的情况下进行维护,如清洁散热器内部时,此时把安全操纵手柄置于锁定位置,并且要两人进行操作。一个操作者应坐于司机位置,以能够在需要时立刻关闭发动机,此时必须特别小心,只在必要时才能接触操纵手柄,进行维护的人必须特别小心,不允许接触运动部分。

(5)工作装置支撑。在工作装置升起的情况下进行装载机检查和维护时,用支架可靠地支撑住升起的动臂,以防止工作装置的掉落。另外,把工作装置操纵手柄置于保持位置,并用安全锁锁定。

七、维护装载机期间的安全注意事项

(1)人员。要有专门的人员进行维护,在磨削、焊接和使用大锤时,应采取保护措施。

(2)配件。把从装载机上拆下的配件置于安全处,保证它们不会掉落或倒下,如果它们砸在人的身上,会造成严重的伤害。

(3)在装载机下面进行工作时的注意事项。

①在维护装载机或在装载机下进行维护前,把所有可动的工作装置放至地面或它们的最低位置。

②一定要用木块垫牢轮胎。

③任何时候都不要在支撑不牢的装载机下工作,见图3-34。

图3-33 装载机维护时电锁位置

图3-34 装载机支撑安全警示

(4)保持装载机清洁。

①溢出的油料、润滑脂、满地散落的工具或断裂的零件容易对工作人员造成伤害,任何时候都要保持装载机干净整齐。

②如果水进入电气系统,可能导致装载机不能运动或突然运动,不要用水或蒸汽清洗传感器、插头或驾驶室内部。

(5)加燃油和机油的原则,如图3-35所示。

图3-35 加燃油和机油的安全警示

①泄漏的燃油或机油可能使工作人员滑倒,所以一定要及时清除。
②一定要拧紧加油口的盖子。
③一定要在通风良好的地方加油。

(6)检查散热器冷却液量(图3-36)。
①当检查散热器冷却液量时,停止发动机并等待发动机和散热器冷却后检查冷却液量。
②在取下盖子之前,先慢慢拧松盖子,以释放内部压力。

(7)使用照明灯。若光线不好时检查燃油、机油、冷却液或蓄电池电解液,一定要使用防爆灯,如果不使用这种照明工具将有爆炸的危险。

(8)维护蓄电池时的注意事项。修理或维护电气系统或使用电焊时,应切断蓄电池负极。

(9)在高温或高压时进行维护的注意事项。装载机在刚刚停止工作时,柴油机冷却液和各处的油液都处于高温高压状态,在这种情况下,如果卸掉盖子,放出水或油,或者更换过滤器,都可能会导致烫伤或其他伤害,应该等到温度降低后才能进行检查和维护(图3-37)。

(10)在底盘被顶起的状态下维护装载机。
①在底盘被顶起的状态下维护装载机时,要用锁杆锁住前后车架,把操纵手柄置于中位,再利用安全锁锁住操纵手柄,并且锁定工作装置和底盘。
②当用千斤顶顶起装载机时,一定要用木块垫住另一侧车轮,顶起车辆后放入垫块,以固定位置。

(11)维护时废弃物的处理(图3-38)。

图3-36 散热器冷却液量检查警示

图3-37 高温警示

图3-38 废弃物的处理

①不要把废油倒入下水道或河里。
②一定要把从装载机中放出的油装入容器中,不要直接倒在地面上。
③在处理机油、燃油、制冷剂、溶剂、过滤器、蓄电池和其他有毒(害)物质时,一定要注意保护环境。

第三节 装载机磨合及行走

一、装载机磨合

新购置或大修的装载机在出售前已经过彻底的检查和调整,但是,如果一开始就将其处于恶劣的工作条件中,会明显缩短装载机寿命,所以装载机必须要进行磨合。

(1) 装载机磨合时间一般为60h。
(2) 每次发动机冷起动后,要怠速暖车运转5min。
(3) 不要满负荷作业和长时间行驶。
(4) 除紧急情况外,不要突然起步、突然加速和突然制动。
(5) 各挡位要均匀磨合。

二、装载机行走

(1) 装载机起步前的检查,装载机每次起动前要检查以下项目:
①检查相关部位是否有松动或磨损。
a. 蓄电池接线柱是否松动。
b. 铲斗、斗齿是否磨损,斗齿螺栓是否松动。
c. 各软管接头是否松动。
d. 各连接处螺栓是否松动。
e. 发电机接线柱、起动机接线柱、蓄电池接线柱是否松动。
②检查相关部位是否有泄漏。
a. 散热器是否泄漏。
b. 发动机油底壳是否泄漏。
c. 驱动桥是否泄漏。
d. 制动气路是否泄漏。
e. 液压管路是否泄漏。
③检查液位。
a. 检查冷却液液位。
b. 检查柴油机油油位。
c. 检查液压油油位。
d. 检查燃油油位。
④检查风扇及发电机传动带的松紧度是否合适。
在两带轮中部,用指头施加约0.6MPa的力时,传动带的变形量不得大于7.5mm。
⑤检查操纵手柄是否正确。
a. 驻车制动操纵手柄要置于"制动"位置。
b. 变速器操纵手柄要置于"空"位。
c. 工作装置操纵手柄要置于"中"位。
(2) 柴油机起动。
①把钥匙插入电锁,转动到"ON"位,仪表板指示灯亮起。
②转动钥匙到"START"位置,起动机转动。
a. 不要让起动机连续转动15s以上,否则可能烧坏起动机。
b. 如果起动机不能起动,3min后再重复起动。如果连续3次发动机仍未起动,要进行相关检查。
③柴油机起动后,松开钥匙,钥匙将自动回到"ON"位置。

④轻踩加速踏板,让柴油机在无负荷状态下运行5min。

(3)装载机行驶。

①发动机起动后,制动气压进入绿色区域后,装载机才能行驶,否则制动系统不起作用。

②装载机起步。装载机要开动时,检查四周的安全情况,开车前鸣喇叭;不要让无关的人靠近装载机。要注意装载机后面有一个盲区,所以倒车时要十分小心。

铲斗置于行走位置(图3-39),踩下制动踏板,解除驻车制动,然后将变速器操纵手柄杆置于"Ⅰ"挡,松开制动踏板,慢慢踩下加速踏板,装载机起步。

(4)装载机换挡。

①当装载机高速行驶时,不能突然变速,变速时应先制动降速,然后变速。

②装载机由高速变低速或由低速变高速时,都要停车换挡。

③装载机高速行驶会对安全造成威胁,故严禁高速行车。装载机下坡行驶时,应轻踩制动踏板,并保持柴油机在运行状态。严禁关机溜坡。

(5)装载机转向。

①当装载机需要换向时,可不必停车。

②装载机行驶中,使用转向盘转向。

③装载机高速行驶中,突然转向或在陡坡上转向是很危险的行为。

④在山坡上行驶时,柴油机千万不能熄火,如果车辆熄火,应立即在安全的地方停车。

⑤如果装载机在行驶时,柴油机突然熄火,则不能转向。

(6)停车。装载机停车一般应选择既平坦又宽阔的安全地方。停车时,应使铲斗保持与地面水平状态接触,并按以下程序进行:

①将变速器操纵手柄置于空挡位置,松开加速踏板,踩下制动踏板,使装载机缓慢停下;应避免突然制动,制动时要留一个宽敞的空间。

②不要在斜坡上停车,如果必须在斜坡上停车,应该将车头朝向坡下,将铲齿插入地面,并在轮下垫上挡块以防其移动(图3-40)。

图3-39 装载机行走时铲斗位置

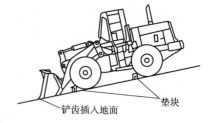

图3-40 装载机在斜坡上停放

③装载机停稳后,柴油机怠速运转3~5min,使柴油机各部位均匀冷却,然后拉出熄火拉线,使柴油机停止运转。

④拉起驻车制动器操纵手柄,使车辆处于制动状态。

⑤关闭电源钥匙,切断总电源。

⑥检查装载机各个部位有无烧损、裂纹、渗漏等不正常的现象。

⑦如遇冬季,还应注意装载机的防冻等。

第四节 装载机作业

一、铲装作业

(1) 作业准备。

①清理作业场地,填平凹坑,铲除尖石等易于损坏装载机轮胎和妨碍装载机作业的障碍物。

②装载机作业时,行车速度应降至4km/h以下。

(2) 作业过程。装载机的作业循环包括以下四个过程:

①装载机以"Ⅰ"挡驶向料堆,在距料堆1~1.5m处,放下动臂、转动铲斗,使铲斗刀刃接地,铲斗斗底与地面呈3°~7°的夹角,然后低速插入料堆。

②装载机以全力插入料堆,并间断地操纵铲斗转动和动臂上升,直至装满铲斗,然后把铲斗上翻,将动臂提升至运输位置。

③装载机满载后退,驶向卸料点或运输车辆,同时提升动臂至卸载高度,将物料卸下。若物料粘积在铲斗上,可来回扳动转斗操纵杆手柄,使粘积在铲斗上的物料弹振脱落。

④空车退回,同时将动臂下降至运输位置,装载机返回至装料点,进行下一个工作循环。

(3) 铲装方法。不同的铲装方法对作业阻力和铲斗的装满程度有很大的影响,工作时应根据铲装的物料种类(密度、粒度大小等)、料堆高度等选用不同的铲装方法。

①一次铲装法,如图3-41所示。装载机直线前进,铲斗刀刃插入料堆,直至铲斗后臂与料堆接触,装载机停止前进,铲斗转至装满为止,然后提升动臂至运输高度(铲斗下铰点离地面约为400mm左右)。

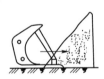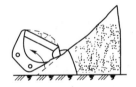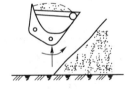

图3-41 一次铲装法

一次铲装法是最简单的铲装作业方法。对司机操作水平要求不高。但其作业阻力大,需要把铲斗插入料堆很深,因而常要求装载机有比较大的插入力,同时需要很大的功率来克服铲斗上翻时的转斗阻力。此方法适用于铲装散物料,如砂、煤、焦炭等。

②配合铲装法。装载机在前进的同时,配合以转斗或动臂提升的动作进行铲装作业,其又可以细分为两种方法:

a. 当铲斗插入料堆深度不大(0.2~0.5倍斗深)时,在装载机前进的同时,间断地操纵铲斗上翻,并配合动臂提升,直至装满铲斗。其作业过程如图3-42所示。

b. 装载机在前进的同时,配合以动臂提升,在斗刃离开料堆后,铲斗转至运输状态。此方法又称为"挖掘机"铲装法,其作业过程如图3-43所示。

采用配合铲装法,铲斗不用插入很深,特别是采用第一种配合铲装法,靠插入运动与铲斗转动、提升运动相配合,使插入阻力大大减小,并且斗也很容易装满,这是一种比较高效的作业方法,但要求司机具有较高的操作水平。

图 3-42 配合铲装法

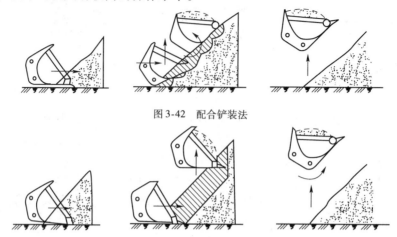

图 3-43 "挖掘机"铲装法

（4）装载机与运输车辆配合的作业方案。装载机与运输车辆配合的作业方案一般有 V 型作业法、I 型作业法、L 型作业法和 T 型作业法,如图 3-44 所示。

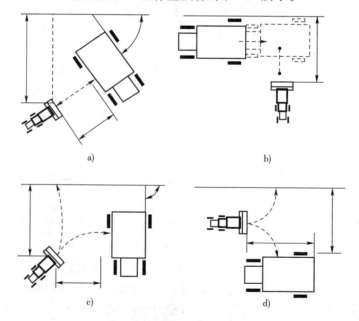

图 3-44 装载机与运输车辆配合作业方案
a) V 型作业方式；b) I 型作业方式；c) L 型作业方式；d) T 型作业方式

①V 型作业法。运输车辆与装载机驶向料堆的方向呈 60°夹角停放,装载机在料堆装载后,倒车后退 3~5m,然后用转向油缸使铰接车架折腰 35°左右,再前进驶往运输车辆卸载。这种方案可保证得到最小的工作循环时间,作业效率较高。

②I 型作业法。运输车辆平行于工作面,适时地往复前进与后退,装载机则穿梭般地垂直于工作面直线前进与后退进行作业,所以这种作业方法也叫穿梭作业法。

I 型作业法省去了装载机的调车时间,但增加了运输车辆前进与后退的次数,装载机的作业循环时间,取决于装载机和与其配合作业的运输车辆司机的操作熟练程度,并要求车队连续运输与之配合,才能取得较高的作业效率。

③L型作业法。运输车辆垂直于工作面,装载机铲装物料后,倒退并调转90°角;然后向前驶向运输车辆卸载,空载的装载机后退并调转90°角,然后向前驶向料堆,进行下一次铲装。这种作业方式在运距较小,而作业场合比较宽广时,装载机可同时与两台运输车辆配合工作。

④T型作业法。运输车辆平行于工作面,但距离工作面较远,装载机铲装物料后,倒退并调转90°角,然后再向相反方向调转90°角驶向运输车辆卸载。

二、自行搬运作业

在以下情况下,可采用装载机自行搬运:
(1)路面过软,未经平整的场地,不能用载重汽车时。
(2)搬运距离在500m以内,用载重汽车浪费时间时。

搬运的车速根据搬运距离和路面条件确定,为使搬运时车辆能够安全稳定和具有良好的视线,应上转铲斗到极限位置并保持动臂下铰点距地面400mm左右。

三、填平作业

如果将铲斗作为推土刮板时,可以进行填平作业。此时,铲斗内装满砂土,使其对地面保持水平状态,踩下加速踏板使铲斗向前推进,推进中发现有异物阻碍装载机前进时,可提升动臂继续前进,操纵动臂升降时,操纵杆应放在浮动位置,不可扳到上升或下降位置,以保证推运作业的顺利进行。

四、整地作业

利用铲斗斗尖和刀板(切削板)可进行撒土、平地、打基础等整地作业,进行整地作业时,装载机要保持反向行驶。如果有必要在前进时进行整地作业,要保持铲斗倾翻角小于20°,见图3-45。

(1)撒土作业。用铲斗铲进砂土,装载机后退行驶,并使铲斗前倾10°~15°,将砂土均匀播撒。

(2)粗整平。使铲斗完全前倾,将铲斗斗尖与地面接触,进行低速后退,平整土地。

(3)精整平。将铲斗内装满砂土并与地面保持水平状态接地,将动臂操纵杆放在"浮动"位置上,装载机缓慢后退行驶。

图3-45 装载机整平作业

(4)整地作业时的注意事项。
①要用装载机铲齿触地,用铲斗背部平整地面。
②要使装载机动臂始终处于浮动状态,铲斗水平置于地面,车辆后移使地面平滑。

五、挖掘作业

挖掘作业是装载机停止或在前进中将铲斗插入砂土、岩石等堆积物进行装载铲运的作业,挖掘作业分为铲进作业和挖土作业。

(1)铲进作业。保持铲斗平行于地面,让铲斗充分铲入堆积物,装载机在前进的同时,配合以动臂提升,在斗刃离开料堆后,铲斗转至运输位置。当铲斗难于铲进堆积物时,让铲斗端部前倾少许,保持车轮不打滑而行进即可。

若车轮出现打滑现象,应及时、适当地减小加速踏板的施加压力,减轻载荷。

(2)挖土作业。铲斗保持比地面水平稍前倾的状态(铲斗的前倾角在0°~15°的范围内),一边操纵动臂操纵杆和铲斗操纵杆,调节挖掘深度,一边使装载机前进。如果路面发生高低变化时,要特别注意。

(3)挖掘作业应注意的事项。

①装载机在进行挖掘作业时,应使装载机直对前方,而不要让前后车架有角度。

②不要让铲斗撞击地面,如果铲斗撞击地面,轮胎将打滑,这样轮胎寿命就会降低。

③应保持工作场地的平整,清除任何散落的石块。

④当车辆前行中放下铲斗时,应把铲斗停在离地面30cm处,然后慢慢放下铲斗(图3-46a)。

⑤在料堆前,应立即降低装载机速度,在完成降速的同时应踩下加速踏板,并将铲斗插入料堆(图3-46b)。

⑥如果铲斗中是碎料,应保持铲斗水平状态;如果铲斗中是石块,则应使铲斗向下有一倾角(图3-46c)。

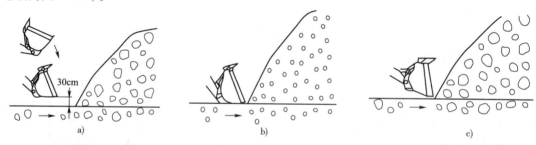

图3-46 挖掘作业

⑦注意不要使石块进入铲斗的下方,这将使前轮脱离地面,并产生打滑。

⑧应尽量保持负载在铲斗的中心位置,如果重心在铲斗一侧,装载机将产生失衡。

⑨在铲斗插入料堆的同时,应提升动臂不使铲斗插入太深,通过提升动臂,使轮胎产生充足的牵引力(图3-47a)。

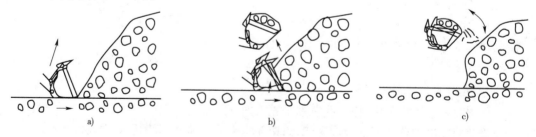

图3-47 挖掘作业

⑩铲斗中有足够的物料时,操纵铲斗控制杆收起铲斗,装满物料(图3-47b)。

⑪如果铲斗中物料太多,则应快速倾翻和收斗,去掉多余的物料,以防运输时物料散落

(图3-47c)。

⑫铲斗插入料堆或挖掘时,如果铲刃上下活动,装载机前轮将离开地面,这将使轮胎产生打滑现象。

⑬在平地上铲挖时要注意的事项。

a. 使铲刃稍微向下微倾(图3-48a),但应注意不要使负荷集中于铲斗一侧,这样会导致装载机失衡。

b. 装载机前行时,控制动臂操作杆,以使装载机在铲挖时,时刻能切下薄层泥土(图3-48b)。

c. 装载机前行时,控制动臂操作杆,以使装载机铲斗轻轻上下移动,以减轻装载机前行时的阻力(图3-48c)。

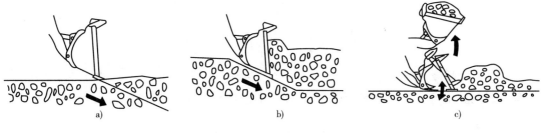

图3-48 装载机在平地上铲挖

六、牵引作业

提升动臂到运输位置,将牵引绳索固定在牵引销上,徐徐踩下加速踏板,使装载机缓缓前进。

注意:在牵引车辆时,所牵引的车辆必须具有完善的制动功能;牵引绳索必须牢固且不能打折。

第四章 装载机维护

第一节 维护通则

装载机的故障大部分是由于油、水、气等使用管理不当造成的。正确的维护就是按时、按量、按部位,用优质、正品材料,按使用说明书的规定对装载机进行维护。

一、燃油

(1)根据环境温度选择规定牌号的优质燃油(表4-1)。

环境温度与燃油牌号对照表　　表4-1

环境最低温度	高于0℃	0~10℃	-10~-20℃	-20~-30℃	低于-30℃
柴油	0号	-10号	-20号	-35号	-50号

(2)用加油机加注燃油,保持清洁,防止火灾。

(3)要选用优质燃油滤芯,按规定的时间更换。

(4)为了防止空气中的湿气凝结成水进入燃油箱,在一天的工作完成后,应将燃油箱加满。

(5)如果起动时吸不上燃油或刚更换了燃油滤芯时,先排出燃油回路中的空气是十分必要的。

二、机油

(1)根据环境温度选择优质机油(图4-1)。

(2)机油在发动机中的工作条件比较恶劣(高温、高压),使用时容易变质,即使机油很干净,也要定期更换。

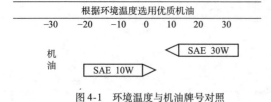

图4-1　环境温度与机油牌号对照

(3)机油像人体中的血液,要小心保护它,使其不受杂质(水、金属颗粒、灰尘等)的侵扰。

(4)切勿使用不同级别或品牌的混合油。

(5) 一定要按规定的数量加油。加入机油过多或过少都会导致故障的产生。

(6) 换油时也要更换机油滤芯,一定要选用优质机油滤芯。

三、冷却液

(1) 要选用软水,不要用河水等不清洁的水。如果使用不清洁的水,水垢将会堵塞柴油机水套和散热器,降低散热性能,从而导致温度过高。

(2) 如采用防冻液,要根据环境温度选择优质防冻液和冷却液成分(表4-2)。防冻剂是易燃品,切勿让火源靠近防冻剂。

(3) 柴油机冷起动后要怠速暖车5min;停机前要怠速运转5min,使柴油机均匀降温。

防冻液成分   表4-2

防冻液名称	成分(%)				凝固点(≤℃)
	乙二醇	酒精	甘油	水	
乙二醇	60			40	-55
	55			45	-40
	50			50	-32
	40			55	-22
酒精甘油			30	10	-18
			40	15	-26
			42	15	-32

四、润滑脂

(1) 要选用规定牌号的优质润滑脂。

(2) 要清理干净黄油嘴周围的灰尘及杂物,用专用工具加注润滑脂。

(3) 要将残留的旧润滑脂挤出。

五、液力变矩器油、齿轮油、制动液、液压油

国产液力变矩器油、齿轮油、制动液、液压油的选用参见表4-3。

国产液力变矩器油、齿轮油、制动液、液压油的选用   表4-3

种 类	名 称	部 位
液力变矩器油	6号或8号液力传动油(或 SAE 10W)	液力变矩器、动力换挡变速器用
齿轮油	85W90(或GL-5)号负荷车轮齿轮油	桥内主传动及轮边减速用
制动液	JG3合成制动液	制动系统加力器用
液压油	夏季 L-HM46号液压油 冬季 L-HM32号液压油	工作装置液压系统及转向液压系统用

六、空气

(1) 选用优质空气滤芯(劣质机油会损害发动机),并且按规定时间更换。

(2) 每天检查灰尘指示器,检查空气滤清器是否堵塞。

七、轮胎

(1)检查气压是否在规定的范围内。

(2)检查轮辋螺栓力矩是否在规定的范围内。

(3)检查轮胎胎面是否磨损。

八、推荐选用国内外油品参考表

(1)装载机用柴油机油,见表4-4。

装载机用柴油机油　　　　　　　　　　　　　　表4-4

油品名称牌号	相近的国外品牌牌号(按美国SAE分级)			
	美孚 MOBIL	壳牌 SHELL	加德士 CALTEX	埃索 ESSO
发动机油	黑霸王 15W-40 (适用于环境温度 -15~50℃)	RotellaSX 40; RotellaTX 40, 20W/40; RotellaDX 40	Custon five star Moter Oil 40,20W/40; RPM delo 100,200 Oil 40	ESSOLUBE XT-3; ESSOLUBE XT-2
	多威力1号(-40℃以上) 黑霸王10W-30(-25~40℃)	RotellaSX 30, 10W/30; RotellaTX 30, RotellaDX 30,	Custon five star Moter Oil 30; RPM delo 100,200 Oil 30,10W/30	ESSOLUBE XT-5

(2)液压油。装载机用液压油见表4-5。

装载机用液压油　　　　　　　　　　　　　　表4-5

国产油牌号	运动黏度 (40℃) (mm²/s)	相近的国外品牌牌号				
		美孚 MOBIL	壳牌 SHELL	加德士 CALTEX	嘉实多 CASTROL	埃索 ESSO
高级抗磨液压油 L-HM46 1-1994 (夏季)	41.4~50.6	DTE25 (-10~40℃)	Tellus27; Tellus29	Rando oil HD32 Rando oil HD46	Hyspin AWS32 Hyspin AWS46	Nuto H46
低凝液压油 L-HM46 GB 1111.8 1-1994(冬季)	28.8~35.2	DTE15M (-26~40℃)	Hydro-k inetic; Tellus T27 46	Rando oil HD AZ	Hyspin AWH46	Univis N46

(3)变矩器—变速器油(液力传动油)见表4-6。

变矩器—变速器油　　　　　　　　　　　　　　表4-6

国产油牌号	运动黏度 (100℃) (mm²/s)	相近的国外品牌牌号			
		美孚 MOBIL	加德士 CALTEX	埃索 ESSO	壳牌 SHELL
6号液力传动油	5~7	ATF 汽车自动排挡油 (-40℃以上); ATF220 汽车自动排挡油 (-25~40℃)	Torque fluid175;RPM Torque fluid NO.5	Torque fluid47	Rotella 10w

(4)齿轮油(驱动桥油)见表4-7。

齿 轮 油　　　　　　　　　　表4-7

国产油牌号	运动黏度 (100℃) (mm²/s)	相近的国外品牌牌号(按美国 API 分级,CL-5)			
		美孚 MOBIL	埃索 ESSO	加德士 CALTEX	壳牌 SHEIL
85W-90 GL-5	13.5~24.0	Mobilube 1 SHC 合成油 美孚车用齿轮油 HD 80W-90(-20~40℃); 美孚车用齿轮油 HD 85W-140(-10~50℃)	齿轮油 GX 85W-90	Multi Purpose Thuban EP	Spirax SEP Heavyduty HD90 HD80W-90

(5)制动液见表4-8。

制 动 液　　　　　　　　　　表4-8

国产油牌号	分级	相近的国外品牌牌号			
		美孚 MOBIL	埃索 ESSO	英国石油公司 BP	壳版 SHELL
HZY3 合成制动液 GB 12981—1991	SAE1703C	超能制动油 DOT3	Brake Fluid	Brake Fluid Disc-Brake FLuid	Donax B

(6)润滑脂见表4-9。

润 滑 脂　　　　　　　　　　表4-9

国产油牌号	相近的国外品牌牌号					
	美孚 MOBIL	加德士 CALTEX	嘉实多 CASTROL	埃索 ESSO	英国石油公司 BP	壳牌 SHELL
2号或3号 锂基润滑脂	美孚润滑脂 XHP 222	Marfak multi Purpose	LM grease	朗力士 MP; Beacon EP2	Energrease L	Retinax A; Alvania

第二节　专项维护

一、检查、清洗更换空气滤清器

(1)不要在发动机工作时清洗和更换空气滤芯。

(2)用压缩空气清洗滤芯时,应戴好安全眼镜或护目镜,以保护眼睛。

(3)如果灰尘指示器1的红色活塞显示出来,则应清洗滤清器组件(图4-2)。

(4)清洗或更换空气滤清器外芯。

①除去蝶形螺母2和盖3,取出空气滤清器外芯(图4-2)。

②用干燥的压缩空气(≤ 700 kPa/cm²),从滤芯的内侧沿着折痕冲洗,然后再分别从外侧及内侧冲洗。

a. 外芯吹尘六次后或已使用一年,要与内芯一起更换。

b. 外芯吹尘后,灰尘指示器仍在红色区域,要立即更换内外芯。

c. 检查内滤芯有无松动螺母,如有应拧紧。

d. 如密封垫 5 或蝶形螺母 4 破裂,则应更换(图 4-2)。

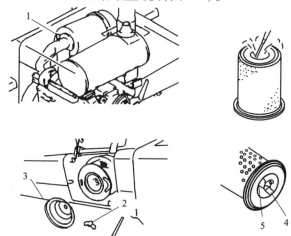

图 4-2 清洗更换空气滤清器示意图
1-灰尘指示器;2-蝶形螺母;3-盖;4-蝶形螺母;5-密封垫

③装上干净的滤芯,按下灰尘指示器 1 的按钮,使红色活塞复位。
(5)更换空气滤清器外滤芯。
①首先卸下外滤芯,然后拿下内滤芯。
②为防止灰尘进入,应用干净的布或袋子盖住出气管的出口处。
③更换新的内滤芯并上紧,不得将清洗后的内滤芯再次使用。
④装上外滤芯。

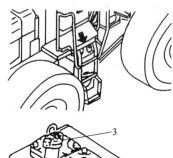

⑤按下灰尘指示器 1 的按钮,使红色活塞复位。

二、更换变速器油及滤芯

(1)在发动机怠速运转 5min 后,打开变速器加油盖,取出油位尺。
(2)拧开变速器放油螺塞,将废油放入专用容器。
①要清洗放油螺塞及放油口。
②不要污染作业环境。
(3)更换新的变速器滤芯。
(4)拧好放油螺塞,加注新的变速器油,液面要在规定的范围内。

三、更换液压油及滤芯

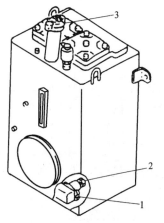

图 4-3 更换液压油示意图
1-放油螺塞;2-排油阀;3-油箱加油口

(1)将铲斗水平置于地面,发动机熄火,在冷车的状态下进行。
(2)打开液压油箱加油口 3 的盖子和放油螺塞 1,打开排油阀 2 排油,将旧油放入专用容器内。排完油后,关闭排油阀 2,然后旋紧放油螺塞 1(图 4-3)。

①要清洗放油螺塞及放油口。
②不要污染作业环境。
③清洗加油口滤网(图4-4)。
④松开油箱顶部的两个滤油器盖1上的紧固螺栓2并将盖拿去。由于弹簧3会将盖1弹出,所以在松开螺栓时应小心压住盖,防止飞出。
⑤取下弹簧3、分油阀4,然后取出元件5。
⑥应先检查滤油器壳内是否有杂质,然后再清洗。
⑦换入新的滤芯,并依次装入分油阀4、弹簧3和滤油器盖1,如果盖子上的O形圈损坏或老化,应更换新的。
⑧安装滤油器盖1,应将盖1压住,并均匀将各螺栓旋紧。
⑨从进油口加入规定量的油,然后将盖盖好。
⑩起动发动机并使其处于低速状态,使转向、铲斗及动臂举升油缸分别反复工作4~5个来回,应注意不要使油缸行至行程尽头(距行程尽头约100mm)。不要直接使柴油机高速运转或将油缸行至行程尽头,这将会使缸内气体损坏活塞衬垫。
⑪然后分别全行程操作转向、铲斗及动臂举升油缸3~4次,再关闭发动机并松开排气塞1(图4-5),从油箱排气,排完气后,拧紧排气塞1。排气时使发动机处于低速状态。

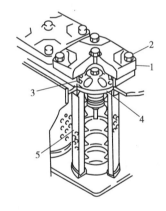 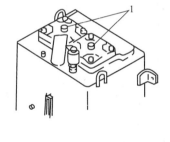

图4-4 清洗加油口滤网示意图
1-滤油器盖;2-紧固螺栓;3-弹簧;4-分油阀;5-元件

图4-5 液压油箱排气示意图
1-排气塞

⑫检查液压油位并加油到规定的范围内。
⑬升高发动机转速,并再次重复⑪,排放空气,持续到排气塞1中无气排出为止,完成排气后拧紧排气塞1,然后检查液压油位并加油到规定的范围内。

四、更换驱动桥油

(1)拧下前后驱动桥加油塞1和放油螺塞2(图4-6),将旧油放入专用容器。
(2)排完油后,清洗放油螺塞2及放油口,并将其装好。
(3)从加油塞1处加油至规定的高度。
(4)拧紧加油塞1和放气螺塞2。

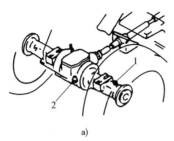 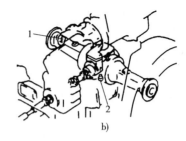

图 4-6　更换驱动桥油示意图
a)前桥；b)后桥
1-加油塞；2-放油螺塞

五、更换柴油机油及机油滤芯

(1)打开发动机油加注盖。
(2)在油底壳上拧下放油螺塞,将旧油放入专用容器。
①要清洗放油螺塞及放油口。
②不要污染作业环境。
(3)用专用工具,逆时针转动,卸下机油滤清器。
①新滤清器安装前,接口处要涂机油或薄层润滑脂。
②不要污染作业环境。
③新滤芯安装完毕后,要起动柴油机,检查有无泄漏。
(4)从加油口加注新机油,液面要在规定的范围内。

六、更换柴油滤芯

(1)用专用工具,逆时针转动,卸下柴油滤清器。
①清洗滤清器架。
②不要污染作业环境。
(2)新滤清器安装前,接口处要涂机油或薄层润滑脂。
(3)清洗柴油箱滤网以及油箱盖。
(4)新滤芯安装完毕后,要松开手油泵放气塞,泵油、排气,然后起动发动机,检查有无泄漏。

七、更换制动液

(1)拧开制动油杯放气塞,更换制动液。
(2)加入新的制动液后,踩下制动踏板,快速拧紧放气塞,观察制动油杯内有无气泡,如有气泡,重新拧开放气塞放气,直至无气泡产生为止。

八、更换斗齿

(1)发动机熄火,用木块垫起铲斗。
(2)新斗齿螺栓安装力矩要符合规定的数值。

(3)新斗齿工作4h后,斗齿螺栓要重新紧固一遍,并且要达到规定的拧紧力矩。

九、冷却系统内部的清洗

(1)清洗或更换冷却剂时,要将装载机停在平地上。
(2)要按照表4-10清洗冷却系统、更换冷却液及更换防锈剂。

冷却系统内部清洗　　　　　　　　　　　　表4-10

冷却液类型	清洗冷却系统和更换冷却液	更换防锈剂
固定型号防冻剂(四季用型)	每年(秋季)或每2000h	每1000h或清洗冷却系统内部及更换冷却液时
非固定型含有乙烯乙二醇防冻剂(冬季型)	每6个月(春、秋两个季节),春季排掉防腐剂,秋季加进防腐剂	
不用防冻剂时	每6个月或每1000h	

(3)操作步骤。
①停下发动机,并紧固防腐器阀1(图4-7)。
②慢慢旋动散热器盖2,然后取下(图4-7)。
③准备一个装冷却液的容器,打开散热器排水阀3,放掉冷却液(图4-7)。
④散热器加满水之后,起动发动机,使其处于怠速状态,打开排水阀3,柴油机处于怠速状态,持续不断加水10min,在此过程中,要调节加水和排水的速度,保持散热器内的水总是满的。
⑤关闭柴油机,打开排水阀3,并在水放完后关闭排水阀3。
⑥排完水后,使用清洗剂清洗。
⑦清洗完后,打开排水阀3,排放掉所有的冷却液,然后关闭排水阀3,然后慢慢加入干净的冷却液。
⑧水的高度接近进水口时,打开排水阀3,起动发动机使其处于怠速状态,使冷却液反复循环至排出的水干净为止,在此过程中,要调节加水和排水的速度,保持散热器内的水总是满的。
⑨当水完全干净后,关闭发动机,关闭排水阀3,加满冷却水,直至溢出为止。
⑩为排掉水中的空气,应使发动机于怠速和高速各运转5min,在此过程中,应将散热器盖拿掉。
⑪关闭发动机3min后,加冷却液至进水口附近,盖好散热器盖。

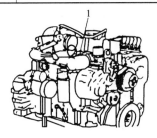
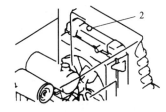
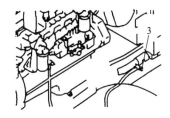

图4-7　冷却系统内部的清洗
1-防腐器阀;2-散热器盖;3-散热器排水阀

十、行车制动及停车制动的检查

(1)行车制动的检查(图4-8),在干燥平整的水泥路面上,以20km/h的速度行驶,确定制动距离不大于5m。

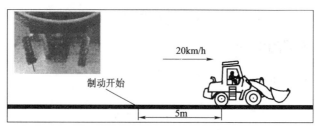

图 4-8　装载机行车制动检查示意图

（2）停车制动的检查。

①检查状态（图 4-9）。

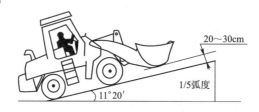

图 4-9　装载机停车制动检查示意图

a. 轮胎气压要在规定的范围内。

b. 装载机要开上 1/5 弧度的斜坡。

c. 装载机要在操作状态。

②检查方法。

a. 踩下制动踏板,变速器操作杆置于空挡。

b. 驻车制动器操纵杆置于制动位。

c. 关闭柴油机,慢慢松开制动踏板,装载机应在坡道原地不动。

十一、检查电气线路

检查电气线路中是否有坏的熔断丝,以及是否有短路和断路的迹象,同时要检查是否有松动的线头。仔细检查蓄电池、起动机、发电机等。

第三节　定期维护

装载机的正确维护,特别是预防性的维护,是最容易、最经济的维护。由于正确的维护延长了装载机的使用寿命和降低了使用成本,因而抵偿了在计划维护中所需的时间及费用。

对装载机进行正确的维护,首先必须做好装载机使用过程中的日报工作,根据装载机在使用过程中所表现的情况,及时做好必要的调整和修理工作。其次,还应参照下面介绍的有关内容,并按不同用户的特殊工作情况及使用经验,制定出不同的维护日程。

一、磨合期维护

(1)磨合时间满8h。

①检查装载机各部件、螺栓、螺母紧固情况,特别是排气管螺栓、前后桥紧固螺栓、轮辋螺母和传动轴连接螺栓。

②检查风扇皮带的松紧程度。

③检查蓄电池、电解液液位以及蓄电池接线柱的松动情况。

④检查变速器油位。

⑤检查各操作杆的连接固定。

⑥检查发动机油油位。

⑦检查液压油油位。

⑧检查电气系统各部件的连接情况(主要是起动机、发电机和熔断丝等)。

(2)磨合时间满60h(磨合期满)。

①清洗变速器油底壳滤网,并更换新油。

②维护发动机。

③检查整车性能。

二、日常检查维护

日常检查维护由司机进行的检查与维护组成,每次出车前,司机都应按以下项目对装载机进行检查和维护:

(1)柴油机及电器仪表部分。

①检查柴油机散热器水位。

②检查柴油机油底壳的油位及机油质量状况。

③检查燃油箱油量。

④检查各油管、水管、气管及其各接头处的密封性。

⑤检查电气系统各接线是否正常(尤其是蓄电池接线)。

(2)底盘部分。

①检查液压油箱的油量。

②检查液压系统各管路及各工作元件的密封性。

③检查变速器油底壳油位。

④检查行车制动及驻车制动是否可靠。

⑤检查各操作手柄是否灵活并放在中位。

⑥检查轮胎气压是否在规定的范围内。

(3)起动柴油机后进行的检查。

①检查各仪表指示是否正常。

②检查各照明设备、指示灯、电喇叭、刮水器工作是否正常。

③操作工作装置,检查其工作情况是否正常。
④结合各挡位,检查装载机行走是否正常。

三、规定的维修维护

根据维修维护实际,装载机的定期维修维护分为:50、100、250、500、1000 和 2000h 维修维护。

(1)50h(或每周)维护。
①重复日常检查维护的内容。
②紧固前后传动轴连接螺栓。
③检查制动系统(制动油杯油位)。
④检查变速器油位。
⑤检查变速器操纵、工作装置操纵及驻车制动操纵手柄是否灵活有效。
⑥向风扇轴、前后车架铰接点、传动轴、副车架等注油点加注润滑脂。

(2)100h(或半个月)维护。
①重复50h维护的内容。
②检查轮辋与制动盘固定螺栓紧固情况。
③检查前后桥油位并检查轮胎气压。
④维护空气滤清器。
⑤检查柴油机油油量,必要时补充新机油。
⑥检查柴油机风扇皮带的张紧度,必要时进行调整。
⑦对所有的注油部位加注润滑脂。
⑧检查工作装置、前后车架、副车架等各部位的受力焊缝及固定螺栓是否有裂纹或松动。

(3)250h(或每月)维护。
①重复100h维护的内容。
②清洗燃油滤清器,必要时更换滤芯。
③清洗变速器油底壳以及变速器滤油器滤芯。
④紧固柴油机汽缸盖,检查、调整气门间隙。
⑤清洗柴油机及变速器油底壳;清洗燃油箱、液压油箱;清洗燃油滤芯、机油滤芯、变速器滤芯以及液压油滤芯。
⑥检查装载机轮胎气压。
⑦检查蓄电池液面,并清洗蓄电池表面,接线柱头处涂凡士林。
⑧检查工作装置、前后车架、副车架等各部位的受力焊缝及固定螺栓是否有裂纹或松动。
⑨检查柴油机风扇皮带的张紧度,检查皮带是否有过量磨损、裂纹等现象,必要时予以更换。

(4)500h(或每季度)维护。
①重复250h维护的内容。

②紧固前后桥与车架连接螺栓以及关键部位螺栓。
③清洗变速器油底壳过滤器,更换变速器油液。
④检查调整驻车制动间隙及操纵软轴,并检查调整盘式制动器。
⑤检查转向机(转向器)和随动杆万向节间隙(对有随动杆的装载机),必要时加以维护和调整、向转向器补充油液。
⑥检查更换柴油机油。
⑦检查电气系统各电气设备的接线是否牢固,有无松动烧损现象。
⑧检查并调整工作装置液压系统。

(5)1000h(或每半年)维护。
①重复500h维护的内容。
②更换前后桥齿轮油。
③清洗液压油箱,更换液压系统工作油液。
④清洗检查加力泵组,更换制动液并检查制动系统的制动灵敏性。
⑤清洗柴油机油底壳、燃油箱及滤清器,更换柴油机油。
⑥润滑各铰接点、前后传动轴、主传动轴等各需润滑的部位。
⑦按柴油机相关要求进行技术维护(可参照柴油机使用维护说明书中的有关规定)。

(6)2000h(或每年)维护。
①重复1000h维护的内容。
②参照柴油机使用维护说明书中的有关规定对柴油机进行检修。
③对变速器、变矩器进行解体检查。
④对前后桥差速器、轮边减速器进行解体检查。
⑤对转向机转向阀(或转向器)进行解体检查。
⑥通过工作油缸的自然下降量,检查分配阀、工作油缸的密封性,并测量工作液压系统的工作压力;
⑦检查工作装置、前后车架、副车架等各部位以及各主要部件的受力焊缝及固定螺栓是否有裂纹或松动。

第四节 存放维护

一、存放前

如装载机需长期存放时,需按下列步骤进行操作:
(1)清洗车辆的每个部分,晾干,存放于一干燥的车库内,不要露天放置。
(2)如果车辆只能露天放置,则应停在易于排水的混凝土地面上,并用帆布等盖好。
(3)存放前,燃油箱内注满油,各润滑部位加注润滑脂,更换液压油。
(4)液压缸活塞杆外露部分涂上一层润滑脂。
(5)拆下蓄电池负极并盖好,或将蓄电池整个拆下单独存放。
(6)如果气温下降到0℃以下,要在散热器中加入防冻液。

(7)加上安全锁,锁定铲斗、动臂以及操作杆等,然后施加驻车制动。

二、存放中

(1)如果在车库内使用防腐剂,则要打开门窗保持通风,以排出有毒气体。
(2)每月起动一次装载机,这样可使移动部件及部分表面涂上新的润滑油,同时给蓄电池充电。
(3)在操作和工作前,擦去液压缸活塞杆上的润滑脂。

三、存放后

在装载机长期存放结束后,要进行以下操作:
(1)擦去液压缸活塞杆上的润滑脂。
(2)于所有应该润滑的部位加注润滑脂。

附录　柴油机操作规程

1. 起动前的准备工作及正确起动操作

（1）检查曲轴箱内润滑油是否在机油标尺规定范围内,以保证柴油机正常运转和节约燃油料;检查燃油箱内有无积水,燃油是否足够;水冷柴油机要检查加注冷却液量;检查蓄电池内电解液面或加注蒸馏水。

（2）检查柴油机外部机件是否松动、损坏;检查风扇皮带张紧度是否符合要求或予以调整。

（3）柴油机起动前,主离合器要处于分离状态或变速箱为空挡;有预热装置的柴油机,起动前要打开预热塞,先预热 40~50s,寒冷季节和地区要重复预热 2~3 次后再起动。

（4）水冷柴油机禁止不加冷却液起动;电动机起动柴油机时每次不得超过5s;陆续使用起动电动机时其间隔时间应不少于30s;若连续三次不能起动柴油机,应查明原因、排除故障后再起动,以免蓄电池过放电而损坏。

（5）柴油机起动后应怠速暖车运转 3~5min。在此期间不可猛踏加速踏板,涡轮增压柴油要应防止因润滑不良而损坏增压器;检查机油压力是否在规定范围内,电流表是否显示光电,柴油机是否有异响等异常现象。

（6）柴油机冷却液温度超过 40℃时方可带负荷运转。

2. 运转时的技术要求

（1）柴油机运转过程中应无异常现象,否则应立即停车、查明原因、排除故障

（2）柴油机冷却液温度应在 80~95℃之间,若因缺水、负荷过大或冷却系故障而使冷却液温度过高时,应针对具体原因,采取相应措施,使其温度逐渐降低。严禁用冷却液注入冷却液箱或洗泼柴油机。开启冷却液箱盖时操作人员要戴手套,脸部避开冷却液箱盖口,谨防烫伤,然后徐徐加注冷却液。

（3）要防止柴油机"飞车"。一旦发生,要果断采取措施,以免发生重大事故。

（4）尽可能让柴油机在中等转速偏上,或中等负荷偏大的工况下运转,使其发挥良好的动力性和燃料使用经济性;尽可能避免柴油机高速运转或全负荷、超负荷运转,以减少机械损失,延长柴油机使用寿命。

3. 停车前和熄火后的技术工作

（1）柴油机停车前应卸去负荷,怠速运转几分钟（增压柴油机应怠速运转 5~10min）,让柴油机温度逐渐降低后再关闭抬起加速踏板、停车。

（2）排气管向上的柴油机在露天存放时，熄火后要盖好排气管口，以免雨水侵入。

（3）长期存放的柴油机应将蓄电池拆下，专门保管。

（4）按规定牌号将油箱注满清洁柴油和添加润滑油，此时严禁烟火，注意安全。

（5）气温低于0℃时停车后要放净柴油机内的冷却液，以免冻裂机体。使用防冻液的要检查其缺损情况。

（6）按保修规程或使用说明书要求，对柴油机进行例行维护。

参 考 文 献

[1] 张铁,朱明才.工程建设机械机电液一体化[M].东营:石油大学出版社,2001.
[2] 梁杰,于明进,路晶.现代工程机械电气与电子控制[M].北京:人民交通出版社,2005.
[3] 张铁,王慧君,朱明才.工程机械电器及电控系统[M].东营:石油大学出版社,2003.
[4] 袁任光,林由娟.柴油发动机的结构[M].北京:机械工业出版社,2010.
[5] 徐西安,范志丹.柴油发动机构造与维修[M].北京:北京理工大学出版社,2011.
[6] 赵捷.工程机械柴油机构造与维修[M].北京:中国人民大学出版社,2012.